金商道

The positive thinker sees the invisible, feels the intangible,
and achieves the impossible.

惟正向思考者，能察於未見，感於無形，達於人所不能。 ── 佚名

OGSM

打造高敏捷團隊

OKR做不到的,
OGSM一頁企畫書精準達成!

——張敏敏——

著

透過OGSM精進團隊執行力

文｜李仁芳

討論「競爭策略」的管理書籍很多，說是用來啟發高階經理人。但是對身負承上啟下（Middle-Up-Down）職責；擔任組織中流砥柱任務的直線主管（Middle Line）與功能支援幕僚等經理人而言，卻少見如《OGSM 打造高敏捷團隊》這種討論「團隊執行力」，並能帶給經理人深具豐富的實戰案例，處處展現作者實戰管理智慧與洞見的教戰手冊。

管理大師彼得・杜拉克（Peter Drucker）曾說：「管理可以學習，但很難教導。」意思是經理人的自我啟發是非常重要的。尤其「高敏捷團隊」的打造又不像「行銷」、「財務」等具體性功能領域，本身的原則與觀念比較抽象。

但是，沒有「團隊執行力」，哪來的「策略競爭力」！所謂「Strategizing is NOTHING. Organizing is EVERYTHING ！」

層層相扣的OGSM

跟「計畫 95%、執行 5%」相比，「計畫 5%、執行 95%」的組織才是真

正強韌度高的組織。OGSM 的運轉具備組織上下層團隊執行力的貫徹能量：上層的 Strategy 策略是下層的 Objective 最終目的（兩者皆為質性的描繪）；上層的 M-Dashboard 衡量指標是下層的具體目標 Goal（兩者皆為定量的呈現）。上下數個層級的 OGSM 階梯圖，就把全公司各執行團隊的「目標網絡」和「全員執行力」貫穿徹底。

只要能夠每次執行比上一次進步，公司和個人都會成長。經過數回合的持續推動發酵（作者以親身顧問經驗分享指出，短短 8 個月循環就會產生驚人效果）。下一循環會比這次循環還要更好，公司與個人又會再進一步成長。就這樣，藉由組織縱線垂直貫穿的 OGSM 階梯，一層層確保企業上下全員績效上升，公司與個人將可以獲得永續性成長。

OGSM 有效提升經理人生產力

過往全球化的世界局勢正在進行驚天動地的質變，世界工廠的供應鏈斷鏈，歐美日市場的需求鏈停擺。現在，全球包括台灣的產業和經理人，都身處換局重來的新挑戰。無論是剛進入職場的年輕人，或是正在人生中場的中年中階幹部，就業與職場的挑戰性可能是 10 年前的 5 倍以上，甚至不止。我個人觀察身邊的 EMBA 朋友們的職場動態，現階段的狀況可說是極具挑戰性。

其實我們每個人都不是任何「老闆」的員工，我們每個人都是自己「生涯」的員工。沒人欠我們一個飯碗，你必須自己當家。認清只有你自己（不是你的「老闆」）才是自己的主人。為了打贏愈來愈激烈的「保職

戰」，我們得好好提升自己的「產出價值」，增加自己的附加價值與生產力，不能須臾懈怠。一天 24 小時我們都該竭盡心力求好、求進步。

經理人的「時間」是最稀缺的戰略資源。尤其對經理人而言，承上啟下，事情永遠做不完。經理人永遠有忙不完的事——永遠有更多事情要做，永遠有更多事情應該做，也永遠超過你所能負荷。也因為這項工作特性，經理人必須有同時處理數件管理活動的能耐。另外，他還得知道何時該移轉活動，把精力擺在最能促進整個團隊生產力的活動上。

一個經理人的生產力，就等於它直接管轄和間接影響力所及的團隊生產力加總：

經理人的產出＝團隊產出加總＝ a×O ＋ b×G ＋ c×S ＋ d×M ＋……。

（a、b、c……：代表管理槓桿率，O、G、S、M……：代表各項管理活動。）

基於此概念，經理人即得以憑此檢討提升本身的生產力，具體方法為：

——加速每一項管理活動執行的速度；
——提升每一項管理活動的槓桿率；
——調整管理活動組合，剔除低槓桿率活動，代之以高槓桿率的活動！

經理人的使命就是不斷精進。其中，上述第 3 項「選擇與放棄」尤其關鍵。**為團隊導入 OGSM 無疑是經理人對團隊生產力貢獻槓桿率最高的管理活動。**

本書作者本身曾任職歐萊雅集團（L'Oréal）蘭蔻（LANCÔME）、美商雅詩蘭黛集團（Estée Lauder）海洋拉娜（LA MER）、資生堂（SHISEIDO）……等歐美日系一流品牌總經理、教育訓練經理、台北 101 大樓旗艦店店長等線上職務，有著深厚的「高敏捷團隊」打造實戰經驗。又曾輔導豐田汽車（TOYOTA）、奧迪汽車（Audi）、索尼（SONY）、ZARA、新光三越、大聯大、雅虎奇摩（YAHOO！）……等名門企業實務推動管理及溝通。

她不只是「用腦思考」的言教者而已，更是手把手，實事求是，劍及履及，懂得「用手思考」的 One on One 個人近身教練。書中討論「團隊專注」、「團結」、「集氣」、「以價值領導團隊，以邏輯執行細節」……等攸關如何成為一個好主管，一個思路清晰，喜歡並且擅於團隊溝通的好主管的實戰戰鬥技巧。

作者身具 10 年以上在各大世界級企業中操作 300 多組 OGSM 案例的手感經驗，可謂成竹在胸，《OGSM 打造高敏捷團隊》一書娓娓道來，都是具體案例的解悟與概念推導的解悟交錯並行。對讀者而言，真的可以實學實行，在自家團隊中行易操作。並且真正做到「思考如行動者」，也真正做到「行動如思考者」──鍛練自己成為真正能知行合一，自強不息的強者！

（本文作者為國立政治大學商學院退休教授）

OGSM，一輩子實用的管理技巧

文｜何春盛

認識張敏敏老師是在商周 CEO 學院課堂上，當時我應邀擔任該班的總導師，參與評審團隊個案競賽，而擔任該堂課的教練正是張敏敏女士。我看到全班六十餘位學員正在進行個案演練簡報，並接受其他組的挑戰與答辯，全班學員就像著魔一般進行激烈的論戰。張敏敏教練則是全場不停地穿梭，在適當的時間點火、引導學員發言，並且游刃有餘地擺平學員之間的辯論與衝突，那時他們演練的正是——OGSM。

當下，我就對張敏敏教練的教學風格，以及學員對她的熱愛留下深刻印象。今天能夠為她的新書寫推薦序，是我的榮幸。

坦白講，我並沒有用過由豐田公司初創，後來更由眾多知名跨國企業與機構如：美國太空總署（NASA）、寶僑（P&G）、可口可樂（Coca-Cola）所採用的管理工具——OGSM。但看完張敏敏的新作之後，我悟出一個道理：所有的管理工具都是「吾道以一貫之」，那就是將企業願景或目標，透過組織層級依照優先順序落實達成的工具。

OGSM 與 MBO

其實，OGSM 更像 1980 年代，我在 HP 任職時廣為使用的管理工具——MBO（Management by Objectives，目標管理）。每年年初，由最高管理階層訂出公司的 MBO，然後一階一階往下訂出每年度的 Objectives（最終目的），形成一套由上而下，層層承接公司年度目標執行方案。

我認為，MBO 管理工具與本書所提到的 OGSM，以及最近甚為流行的 OKR，都是屬於「軟性管理」工具，都在著眼於激發員工內心的渴望、成就動機以及自發性動力與創新力，進一步連結整體公司的願景、目標、戰略，形成巨大的組織動能。對於創新型的科技產業來說，這種軟性管理更是重要。

相對於 MBO、OKR、OGSM 管理工具，關鍵績效指標（Key Performance Indicators，KPI）及平衡記分卡（Balanced Score Card）等兩項知名的管理工具，則是比較屬於交易式領導模式（Transitional Leadership）的「硬性管理」之工具，以績效達成後獎懲的誘因，激發生產力，可能更適合應用在「效率為王」的生產性產業。其實，兩方陣營各有其優劣，就看管理者如何取捨了。

OGSM 能協助打造企業願景

我在任職研華科技期間，每 5 年公司都會啟動一次「願景會議」，每次都能對公司起到「上一個台階」的功能，例如：2005 年的願景讓公司成為

一個 GIE（Global Integrated Enterprise，全球整合型企業）企業；2010 年的願景則是致力將公司轉型成為 IoT（Internet of Things，物聯網）企業。這個願景會議的步驟與 OGSM 提到的方法十分類似：

一、願景是成功後景象之描述，要膽大包天，要能激勵人心。
二、願景不是由現狀往未來延伸，而是探索未來成功情況的過程。
三、願景需要面對「殘酷現實」，並勇敢面對，尋求根本的解決方案，而不只是改善方案。

這個願景設定的過程，輔以 OGSM 一頁企畫書工具，可以達到可視化的效果，也可以讓願景能夠擁有落地具體可行的方案。

刺蝟原則

學習 OGSM 之管理工具，如果可以也再一次閱讀史丹佛大學教授詹姆·柯林斯（Jim Collins）的《從 A 到 A+》（*Good to Great*）一書，便能有更深厚的管理哲學理論基礎，柯林斯在他的書中提到每一家卓越的公司，都有幾個特徵，其中之一是這些公司都有清晰的「刺蝟原則」，什麼是刺蝟原則？

一、你們在哪些方面能達到世界頂尖水準？
二、你們對什麼事業充滿熱情？
三、你們的經濟引擎主要靠什麼來驅動？

探索與建立這 3 個卓越企業的經營哲學，可以與 OGSM 的方法相互交叉論證，有助於落地執行 OGSM。

相對於艱深難懂的「刺蝟原則」與制定願景會議的繁雜過程，OGSM 這套管理工具，更有效率與可操作性，或許更適合於管理新手、中小型企業或想要轉型突破的傳統企業。

尤其是張敏敏女士在商周 CEO 學院已累積數百個案，與業界合作經驗豐富，讀者可以容易地在本書第 6 章〈優化你的 OGSM〉找到最適合自己公司的個案，練習使用 OGSM 工具，最後將 OGSM 手法嵌入自身的思考模式，成為自己的思考反射性動作，充分掌握 OGSM 心法。

最後，希望《OGSM 打造高敏捷團隊》一書可以伴隨您的企業轉型與成長之路，也成為您擁有一輩子的管理技巧！

（本文作者為研華科技執行董事）

簡單一頁，更聚焦目標，更容易執行

文｜余維斌

《OGSM打造高敏捷團隊》一書深入淺出介紹OGSM架構，隨著張敏敏老師在書中的介紹與步驟引導，讀者彷彿透過書本與作者互動，一步步釐清思維脈絡、打通任督二脈。從不斷的自我對話、自我檢視、自我挑戰，並透過邏輯拆解OGSM脈絡。這是一本淺顯易懂，但卻深具結構性與引導性，兼具理論與實務的工具書。

張老師還進一步提出SMART原則5大撰寫標準與3大OGSM類型，以她在業界多年的實戰經驗，結合深厚的理論基礎，再加上她對高階經理人的多年輔導心得，在本書第6章〈優化你的OGSM〉及第7章〈推動OGSM〉分享業界多年輔導案例，協助讀者更快速、簡單掌握要點，學習到正確的OGSM撰寫方式。讓團隊目標快速對焦，精準貫穿上下層目標與行動方案，讓企畫書一次到位；而張老師也進一步提到，不同類型的OGSM也有不同的撰寫重點，這樣才能更聚焦與符合實際管理需求。

看完全書，蓋上最後一頁，我這才發現，原來「讓理論落地」就是這麼簡單。坊間有不少介紹OGSM的書籍，探討擬定策略與開展企畫的管理書籍也比比皆是，但簡單、務實、貼近管理者思維的管理實務工具書卻寥寥可數，很開心終於有這本的實用寶典可以依循了！

讓團隊更敏捷

善用 OSGM 可以打造一個既敏捷但不失方向的團隊，經營管理者與部門主管可以透過簡單、系統化的邏輯思維，讓團隊快速對焦，建構企業願景、部門方針的方案與執行計畫，並且能夠明確掌握計畫的進度，確保不偏離方向。

OGSM 還可以激勵團隊參與、投入，進而讓員工彼此之間協同合作，能讓團隊成員更積極投入執行目標計畫，在明確的檢核指標之下，團隊成員也能隨時回饋與即時修正計畫，以確保達成目標與最終目的。

不管是組織、團隊或個人，只要想成功，就需要擬定願景目標與締造績效的策略規畫。或許你正在苦思，不知如何引導團隊參與變革；或許你正煩惱實踐願景目標與工作計畫太過於空泛，**《OGSM 打造高敏捷團隊》絕對是可以引導你一步步實踐行動計畫，成就願景目標的最佳實用寶典**。並且能確切地讓經營者深刻了解與應用，這套「以價值引導團隊，以邏輯執行關鍵細節」的工具。

感動的是，方法很簡單，效果卻很亮眼。循著 OGSM 來做，化繁為簡，就如同張老師所說的「莫急、莫慌、莫害怕」。只需要開始行動，讓團隊彼此之間溝通對話，你將看到組織變得更不一樣，也能看到在願景領導之下，組織由下而上的當責力量。

（本文作者為宜特科技公司董事長）

以「眉角」勝出的OGSM

文│**姚詩豪**

「治大國如烹飪小鮮」，其實管理企業也跟烹飪有些相似。

我在企業顧問領域服務了 15 年，幾乎每幾年就會出現新的管理方法與工具吸引眾人的目光。就像料理的世界一樣，每隔一陣子就會出現新招數，像是分子料理、舒肥料理等；還有新工具，好比水波爐、氣炸鍋。這些新名詞出現之後，總是會引起大家的關注與投入，紛紛相信這新套路就是「最終的解方」。直到有一天熱潮退去，大家才發現：老問題依舊存在，要不然就是新解方衍生了新問題，眾人在失望之餘只好期待下一次的新發明，如此不斷循環。

實戰經驗豐富的管理者或大廚都知道，方法與工具固然有幫助，但都不是把事情做好的關鍵。真正的重點，是經年累月從實做中累積出來的，那些很細膩、帶點抽象的「眉角」。

那可能是大廚在甩動炒鍋時的巧勁、韻律；也可能是管理者向團隊描述目標時的用語、方式。這些最重要的內容，卻很少有管理書籍會以描述這些「眉角」為主軸。我自己也寫書，大致能夠理解原因。首先，那些管理書籍的作者可能知識淵博、研究能力一流，但是卻缺少第一線的管理經驗。

其次，這些抽象的技巧實在不太容易講清楚，需要極強的表達能力。最後就變成，光寫「眉角」的書籍沒有賣點，畢竟市場都喜歡聽起來酷炫的「管理新名詞」。

《OGSM 打造高敏捷團隊》一書看似在介紹 OGSM 這套方法，但我認為其最獨特的價值還不僅是介紹方法，而是**作者張敏敏極少見地，把這些多數管理書籍避開或含糊帶過的「執行眉角」給講清楚了**。還不僅止於此，兼具管理顧問與企業講師雙重經驗的她，善用淺顯易懂的企業實例，帶著讀者思考與推演，就像她一貫的教學風格，親切卻也執著地讓學生（讀者）由表面的「知道」到深刻地「得到」，進而能夠踏實地「做到」。

OGSM 補齊 OKR 的不足

在本書付梓出版的 2020 年，台灣商業界一如往常對 OKR 這套新方法產生了濃厚的興趣。姑且不去評斷這方法的好壞，在我翻閱多本相關著作後仍發現多是避重就輕，隔靴搔癢的內容。

例如制定目標（Objective），人人都知道要明確清楚，但實際上有些目標原本就抽象且未知，該怎麼做才能清晰可辨？又例如關鍵成果（Key Result）到底該怎麼寫，才能真正反應組織期待並且易於追蹤？作者張敏敏透過 OGSM 這套方法，先是彌補了 OKR 的知識斷層，再接著用大量案例實際演練給讀者看，若能好好地看完此書，不僅是學到了知識，更相當於接受了一次企業教練的手把手指導！

如果你已經讀過目標管理與 OKR 相關書籍，覺得仍舊空中樓閣，難以落地，那這本書非常值得你好好讀過一遍，幫助自己融會貫通。若你從未讀過目標管理或 OKR 的書，**我會建議不妨先從這本書讀起，比起 OKR，本書把目標管理的實做精神講得更仔細，更方便讀者套用在日常管理當中。**

（本文作者為大人學共同創辦人）

目錄

OGSM
打造高敏捷團隊

本書獻給第一個教我管理學的人
我的父親　黃忠義先生

《OGSM 打造高敏捷團隊》架構圖

Ch1

什麼是OGSM？
定義：又稱為「一頁企畫書」，在願景的指導下，將理想轉為可執行的具體行為。

 與OKR的不同
1. 以理想引領員工。
2. 有具體目標、策略。
3. 以策略提供員工達標所需要的資源。
4. 衡量指標、行動計畫展現執行力。

Ch2

Objective 最終目的
定義：描述你和你的團隊最終要達到的理想境界。
——是一種文字陳述。
——描述個人、單位、企業存在的價值。
——給予決策及執行的方向。

當我們成功時，我們看起來像什麼樣子？

Ch4

Strategy 策略
定義：決定所選擇的資源，並規畫如何使用資源。
——是一種文字陳述。
——「人」、「錢」、「時間」為 3 大資源。
——資源的「取」、「捨」決定執行目標的策略方向。
——起手式語句：「透過」。

是否清楚地描述策略，
足夠讓大家對資源做出取捨？

解決在職場上的痛點

1. 跨部門溝通的請託。
2. 跨部門不同工作步調。
3. 跨部門認知差異。
4. 主管無法全面監督。
5. 員工失去當責工作力。

OGSM 的 8 大功能

方向感
具體化
控制力
專注力
迷你大效果
執行力
要事管理
溝通力

OGSM 8 大功能

Ch3

Goal 具體目標

定義：可具體以客觀數字、日期衡量。
——來自彼得·杜拉克的「目標管理」。
——包含數字、日期等客觀資訊。
——須符合 SMART 原則。
——**公式：動詞＋名詞＋時間。**

我們到底想要完成什麼，
我們的具體目的地究竟在哪裡？

Ch5

Measure 檢核
● Dashboard 衡量指標
定義：衡量策略是否徹底被運用的檢核指標。

● Plans 行動計畫
定義：依時間順序，羅列出負責單位、負責人、待辦事項。

我們是否照著設定的小路標走，
然後隨時檢查是否迷路？

在快時代，你需要OGSM變革神器

管理學的怪現象

為什麼寫這本書？因為我深深相信，管理學是一門「讓人使用」的科學。有太多的人唸完管理大師寫的書之後，在讚嘆大師理論之餘，心卻比沒唸書時更慌張，導致了反效果。

管理理論、實務經驗，這兩者應該要能相互配合，產生實用、可用、即效的效果，才是真理。但現實生活中的真實狀況並非如此，經理人並沒有從管理學的眾多理論學習到開創機會的落地方法，也不確定在面對變化時，應該用上哪種競爭戰術。現在看來，將近百年所累積的管理知識，似乎成為管理學大師相互取暖，在業界面前刷存在感的手段了。

更加諷刺的是，在現行的教育體系中，相較於醫學、法律等畢業生立即可用的專業，管理學倒是怪象頻出。商學院學生唸完書又如何？成大業的商業梟雄似乎都是自學成功。大師的想法無法實踐，業界的成功典範無法複製，接下來我們到底該怎麼做？該如何做？

四面楚歌的變革環境

說到無助。

資誠聯合會計師事務所（PricewaterhouseCoopers）在 2019 年 7 月份公布一份全球百大市值公司[1]名單，出乎意料地，微軟（Microsoft）超越蘋果（Apple）成為全球首冠企業，而且微軟的市值近 3 倍於第 10 名埃克森美孚石油公司（Exxon Mobil）。

放眼這前 3 大排名的企業，都是和電腦、通訊、平台運作有關。讓我深省的是，這些平均創業才 37 年的前 3 名公司，竟然能以 3 倍速度趕上百年企業的規模。

到底是什麼關鍵做法，讓這些新創企業可以快速成長？

企業轉型，以及平台化經營，是個跑不掉的趨勢，而這跑不掉的趨勢，核心觀念都是「改變」。

我相信，每個人都認同改變很重要，尤其企業的主事者，更是把「變革」這兩個字捧在手心。只要有「變革」觀念、「變革」做法、「變革」捷徑，老闆就像上癮一樣，毫不猶豫地欣然擁抱，全盤接受。

2017 年 10 月麥肯錫顧問公司（McKinsey & Company），發表一篇與 900 家企業，訪談 2079 個經理人[2]的報告，詢問推動變革 2 年後公司是否達到績效目標，完成變革？更重要的是，影響這次變革成敗的因素為何？我不意外地發現，無論變革成功或失敗，有超過 65% 經理人認為推動變革的關鍵因素是：「全員清楚變革目標，而且全組織都感覺捨我其誰，並承諾變革將會成功[3]。」

其實每個人都明白這個結論，倒也不必大費周章做市調，得出一個再熟悉不過的結果。但是，事情就是不如人意，能讓變革如預期成功的比例最多

表 A：全球前 10 大市值企業

序	公司	國家	市值（單位：10億美元）	創立時間	公司歷史（單位：年）
1	微軟	美國	905	1975.4.4	44
2	蘋果	美國	896	1976.4.1	43
3	亞馬遜（Amazon.com）	美國	875	1994.7.5	25
4	字母控股（Alphabet）	美國	817	2015.10.2	4
5	波克夏（Berkshire Hathaway）	美國	494	1839	180
6	臉書（Facebook）	美國	476	2004.2.4	15
7	阿里巴巴（Alibaba）	中國	472	1999.4.4	20
8	騰訊（Tencent）	中國	438	1998.11.11	21
9	嬌生（Johnson & Johnson）	美國	372	1886.1	133
10	埃克森美孚（Exxon Mobil）	美國	342	1999.11.30	20

資料來源：PwC's Global Top 100（截至 2019 年 1 月）

只有 3 成[4]，也就是**變革的失敗率高達 7 成**，甚至更高。

難道這些經理人是笨蛋？他們肯定知道推動變革成功的關鍵是什麼，但就是無法排除已知的障礙來完成變革之夢。面對亟需變革的困境，企業似乎變得更無助了。

變革關鍵：敏捷、易行的執行力

經過長年觀察企業變革，我們都承認創新的點子很多，但「落實」的卻很少。無法讓員工支持變革，徹底貫徹變革計畫，是最常見到的結局。

為什麼員工不支持變革呢？**主要是因為改變所帶來的恐懼感[5]**。對於「變革」，老闆看到的是「變」，員工看到的是「革」，員工對於變革之後可能產生的變動，有著高度的不安全感，這是推動變革最大的阻力，顯示主事者溝通不夠，堅毅力不足，撐不過壓力期。

而**另一個無法變革成功的原因，就是變革所牽動的「溝通」**。變革，勢必將會影響全公司上下，也牽扯到相關的配套單位和措施，以及公司內部溝通氣氛的改變。

舉個例子。某金控產業想發展和區塊鏈有關的網路金融，招募了一群工程師。這群工程師因為不願意配合公司穿制服，而引起公司內部議論，甚至引發「不公平對待」的雜音。光是這件事，還動員了法務、人力資源部門出面解決。

另一個無法成功變革的因素，則是來自「龐雜的作業系統」。常見的狀況是，主管非常喜歡員工「提案」：「寫一份企畫書給我」、「順便編個預算」、「同業的資料也加進來」……每加一個指令，員工就多創一個表格，每提一個想法，SOP 流程就多了好幾道。越提越多新東西，作業越形繁複，有才能的員工眼見公司公版表格不能用，就自創表格，自己整理資料。到後來，資料無法共通，無法與其他人密切合作，導致團隊無法共同反應市場需求。

多令人沮喪的結果，能做事的人，卻好像老都是做錯事……

好消息是，「主事者溝通不夠、無法跨部門理解和溝通、繁複的表格」這3 個阻撓變革的因素，我認為可以一次解決，那就是——**任何想要擁有改變體質的企業，需要一個簡單、可快速溝通、可立即修正的「工具」。這樣的工具可以在公司願景的帶領下，實踐員工參與意願，獲得員工的當責承諾。**

我建議這個工具可以繪製成為一個表格，不需要太多技術門檻或系統支援，讓員工隨手可得，在同一平台上讓第一線員工或是內勤主管，使用表格內的關鍵資訊，進行溝通即可。

總的來說，簡單工具簡單學，簡單工具大家用，是關鍵。

OGSM 簡便好用

我在外商工作超過 15 年。不論是 2019 年全球市值排行 53 名的法商歐萊

雅集團，還是美商雅詩蘭黛集團，每次週會、月會時只要透過一張計畫表，就可在內部、外部快速溝通，並進行修改。**OGSM** 系統是行之已久的工具，它協助我們度過許多市場難關，幫助快速進行溝通，讓公司員工覺得把事情做完最重要，但是少了相互指責。

透過 OGSM 這個簡單的「工具」，我在商周 CEO 領導學程的變革管理課程中，前後輔導超過 500 位總經理及 CEO。我也運用 OGSM 工具，直接協助企業產出願景描述，討論企業定位和策略目標。

我們快速適用 OGSM 在科技、生技、金融、化工、服飾、餐飲等產業，並與高階經理人共同經歷變革路程。早在出版此書的 10 個月前，當我第一次被問到 OKR 時，我驚覺到，原來大家對於「即學、可用」工具竟是如此地渴望，這讓我興起撰寫本書的念頭。

OKR 帶起企業討論旋風

《OKR：做最重要的事》[6]（*Measure What Matters*）在 2018 年 4 月出版之後，緊緊抓住了全球經理人的眼球。作者約翰・杜爾（John Doerr）以創投公司總經理身分，提出 OKR 核心觀念及案例說明。另一本《執行 OKR，帶出強團隊》[7]（*Objectives and Key Results*）也由兩位 OKR 專職培訓教練保羅・尼文（Paul R. Niven）及班・拉莫（Ben Lamorte）撰寫，提醒使用 OKR 的注意事項。大家著迷於執行 OKR 的目標，也興奮地發現這是一個以團隊溝通為主的執行表格，更棒的是，聽說可以不用和 KPI（Key Performance Indicator，關鍵績效指標）掛勾，著實讓許多人開心不已。

但是我看完市面上所有關於 OKR，包含中、英文版的相關書籍和報導之後，我的頭開始發疼。心中興起疑問——我不知道這個工具要如何使用！

OKR 的缺點

看完書，你當然不知道要怎麼用！因為：

一、OKR 的思路轉折交代不清

OKR 沒有將重要思路轉折具體寫出來，你看完 O（Objectives，目標）直接跳到 KR（Key Results，關鍵結果），此種跳躍式解說，讓沒有寫過這種工具表格的你，自然覺得無法連貫。

二、OKR 缺乏實作示範

雖然書中大量的概念及思維，把工具的背景和想法說得清楚，但少有連貫性的示範及解說，縱使讀者使用書中提供的工具，也難以實際練習。

三、OKR 無法貫穿執行

因為 OKR 只有兩層（O & KR），書中所提到的執行力，如何往下展到第三層，令人不解。

因為有這樣的困惑，舉例來說，甚至某企業大老闆覺得 OKR 實在很棒，不忍放手，決定公司中高層用 OKR，基層還是沿用 KPI。結果，中階主

管不但要填 OKR，還要處理員工的 KPI，然後 OKR 和 KPI 兩者評分到底如何串聯，完全搞不清楚。所有主管處於高度焦慮的模糊狀態。光是被員工詢問，就被問傻了。這樣一來，執行 OKR 反而產生企業在溝通上被攔腰斬斷的困境。

四、不知如何修改 OKR

知道要寫 O（目標）但是不確定 KR（關鍵結果）寫得到底對不對。整個表格看起來邏輯不通暢，思路跳躍。另外，這個表格是要用 Excel、Word、還是要額外買系統操作？如果買了新系統，要如何跟目前的績效考核和其他工作表串聯？

回到初衷：簡單學，學簡單的。

工具是拿來使用的，不是嗎？其實，你應該要學的是：一頁計畫表 OGSM，這才是真正能執行的簡易工具法。

什麼是OGSM？

OGSM，我又稱它為「一頁計畫表」。

OGSM 根基於管理學大師彼得 · 杜拉克的「目標管理（Management by Objectives，MBO）」概念 [8]，在企業願景之下，透過「目標」、「指標」將理想轉化為可以被執行的具體行為。美國太空總署在 1969 年以「目標管理」方法，進行專業分工，完成人類首度登

陸月球的巨大計畫，算是「目標管理」首樁被完美執行的大型專案[9]。

但其實早在 1950 年代，為了達到精實生產，由日本豐田汽車製造商所設計及執行的工作計畫表，就是 OGSM 最早的雛型。OGSM 的出現，用意是要連結在汽車生產的流程中，各單位不一的工作速度，因此，OGSM 以零庫存為目標，現場主義為支撐，逐漸形成工作表。

只要一張工作表就能讓各單位理解，並且馬上反應。OGSM 工作表的精神就是力求簡單、一目瞭然，**用大腦、用雙手、用隨手可取的方式**，讓彼此溝通，不需要依靠複雜的電腦及系統。因為簡單，所以人人可用。

OGSM 後來被快速消費品產業龍頭寶僑公司所採用，成為內部執行的重要工作表格。**透過一頁的精簡訊息，可以快速修正策略**，反應市場，**集團下 300 多個品牌，14 萬名員工**，在清晰的企業願景下，**讓各品牌事業部在每週、每月、每季的溝通和會議上**，各自獨立運作，期望能藉此快速回應消費者要求，應對市場變化。

不同於汽車產業，寶僑的通路都在零售業的大賣場，產品缺貨、貨品滯銷，將會很迅速地反應在財務報表上。寶僑藉由 OGSM 表格，讓經理人只需要投注 2 成到 3 成的專注力，即可獲得通路產業所需要的敏捷力，甚至可以主導消費者喜好和需求，輕鬆應戰市場。

除了日本豐田汽車、美商寶僑之外，OGSM 也是美國可口可樂、德國福斯汽車（Volkswagen）、法國歐萊雅、法國希思黎（SISLEY）、荷蘭海尼根（Heineken）等跨國企業的策略行動計畫表。

經過半個世紀，OGSM 被各種產業、各種規模的企業運用和考驗，可惜

一直未有人完整理出脈絡，一直到 2014 年兩位曾任職於寶僑公司，後來創辦荷蘭商業開創家（Business Opener）顧問公司的馬克・馮・艾克（Marc van Eck）及艾倫・林豪茲（Ellen Leenhouts）以《好企劃一頁剛剛好》（*The One Page Business Strategy*）一書[10]，將 OGSM 的執行及做法集結成冊，這項深藏在企業的執行力神器終於問市。此書在美國亞馬遜網站獲得 5 顆星評價，並被美國聯合利華（Unilever）數位及行銷總裁（Chief Digital and Marketing）康妮・布萊斯（Conny Braams）稱譽：「對任何想要看到策略產生結果的人，這是一本必讀的書。」[11]

OGSM 經過業界的實戰淬鍊，在台灣也產出了成果。以中小企業為主要授課對象的商周 CEO 學院，也琢磨出一套可適用各種產業、適用各種規模的 OGSM 邏輯和表格，並以此展現如變形蟲般的生命力。

呼應 2014 年第一本談 OGSM 的書，位居亞洲市場核心的台灣也需要發聲。台灣企業界中需要有人端出業界神器，而不是隱藏在山谷角落。這是撰寫這本書的另一個動心起念，我承認有點感性，有點理想，有點傲氣。

回到正題，再來簡單談談 OGSM。

OGSM 包含四個項目：O（Objective，最終目的）、G（Goal，具體目標）、S（Strategy，策略）、M（Measure，檢核），它「完勝」其他工具學的理由如下：

一、只要一張紙，就能看到執行 OGSM 的狀況

OGSM 重點就在於，可以透過一張紙全部呈現公司的最高願景，一直到

公司的執行動作。團隊中的每個人可以根據這張紙對準願景，設定目標，展開工作計畫，卻不至於失焦，而且更容易展現具體結果。

二、OGSM 對準願景，層層展開

OGSM 將理想願景放在最上層，接著展開具體目標、策略以及檢核指標。上一層主管的 Strategy（策略）成為下一層員工的 Objective（最終目的），上一層的 Measure（檢核）成為下一層員工的 Goal（具體目標）。有層次，而且由上層而開展至下一層，讓員工承接主管的想法，具體呈現策略思維。

三、OGSM 展現出思路邏輯的轉折

由於 OGSM 以「策略」為主，因此不是只看目標，這張表格還會告訴員工「目標在哪裡？」以及最重要的是「該如何完成？」員工不會為了達標，沒有頭緒地亂找資源，亂走策略。

四、OGSM 著重行動計畫

OGSM 中相當著重執行，因此在 Measure（檢核）中藏著 Dashboard（衡量指標）和 Plans（行動計畫）。將衡量指標及行動計畫放在這頁表格中的好處是，可以讓最基層員工看到，自己在整個行動計畫中所占有的份量和價值。讓員工參與，展現出「想要變得更好」的驅動力。

OGSM完勝OKR

表B：OKR 和 OGSM 比較表

	OKR	OGSM
思維	數字管理，追求達標	以理想引領員工，邁向企業理想
執行	以目標及關鍵結果，展現執行力	以具體目標、策略、指標、行動計畫展現執行力
貫穿	提供兩個執行層面，也就是兩層的貫穿力	上一層的Strategy（策略）、Measure（檢核），成為下一層的 Objective（最終目的）、Goal（具體目標），執行力往下穿透，遠超過兩層
資源	缺乏討論達到關鍵結果的資源	以 Strategy（策略）提供員工達標所需的資源
溝通	強調全員、互動溝通	強調全員、互動溝通
修改	修改兩層	修改兩層以上
與 KPI 的關係	不建議與 KPI 並存	不建議與 KPI 並存

本書特色及使用方法

本書共分 3 大部：

- **第 1 部**以 1 個章節，簡要說明 OGSM，以及實施 OGSM 的前提以及準備。
- **第 2 部**則以 4 個章節個別介紹如何撰寫 O、G、S、M，以及案例示範。
- **第 3 部**則以 2 個章節，以我輔導 OGSM 多年經驗，說明如何修改 OGSM 表格，進行邏輯檢查。並且針對推動 OGSM 的企業主事者最常提出的問題，逐一解答。

謝謝「商業周刊出版部」以及商周學院「CEO 領導學」的夥伴，對這本書提供的協助。謝謝曾經一起上課打拚過的每位高階經理人和企業接班人，因為我們不斷相互磨練心智，務求邏輯完整；在每個課程的嘶喊和高分貝討論中， OGSM 變得更臻完美。歷經這 3 年寶貴的教學時光，所有討論而成的海報、所有智慧而成的作業，終於藉著我的指尖得以見世。

張敏敏於 2020 年夏天
台北市羅斯福路四段 1 號

Part 1

認識OGSM

第1章

什麼是OGSM？

OGSM 是一頁計畫表，可幫助公司緊密連結長期願景、策略和具體目標，並有效地提供溝通平台，讓團隊成員討論彼此的行動。在不斷變動的環境下，以理想性指導語言引領團隊，成員互相支援，快速地和環境進行校準，讓企業產生有方向性的競爭力。

一段啟動 OGSM 的對話

2006年我到歐萊雅集團工作，當時是擔任蘭蔻化妝品教育培訓經理。我一到職，法國總部就寄給我一張表格，上面洋洋灑灑寫了一堆說明，但最主要的是，總部問我：擔任這個部門負責人的我，想要為這個部門帶來什麼價值？或者這個部門可以因為我，在哪一方面更加進步？

當時，我只有在表格最上面欄位寫著：「Make team members as experts in every field that support brand value achieving.（讓我的團隊成員成為各個領域專家，並藉此打造公司成為價值品牌）」，總部問我「關鍵字」是什麼？我寫了一個英文單字：「Expert（專家）。」

看來他們接受了這個答案。接著我又被問到：什麼樣的專家可以協助達到品牌價值？ 因為我從事的是美妝產業，而美妝產業最重要的4個專業項目應該是：保養、彩妝、美體及香水。我就回了這4個答案給總公司，但是總公司說：「Your description is too vague.（你的答案太模糊了）」當下我搞不太懂這個回覆，甚至覺得有點生氣；我在這一行已經待了超過10年，這種簡單問題的簡單答案不可能有錯。正在這麼想時，桌上電話響起，電話顯示是法國國碼，巴黎打電話來了！

「Annie（我的英文名字，以下對話翻譯成中文）……謝謝你的回覆，我想在電話上跟你說明一下為什麼你的答案太模糊。」克莉絲汀吞了一下口水，似乎在思考該怎麼說明。

克莉絲汀在法國總部負責亞洲地區的人員發展及培訓項目，短頭髮、充滿時尚感的她，有著超乎年齡的成熟大腦。「我了解美妝品牌的專業共有4

大項，如同你寫給我們的內容，但我想問你的是，你有機會在一年內把你的團隊都變成這 4 大項目中的專家嗎？」

我頓了一下。「1 年……這應該需要 3 年以上。」我猶豫了。

「如果一個計畫需要 3 年以上，那我們要不要先討論『今年』要先做什麼呢？我的意思是，我們先挑其中一個項目做。你選一個吧，在這 4 個項目中你想要先做哪一個？哪一個可以集中資源，產生品牌價值？」克莉絲汀打這通電話來，是為了幫我做個別指導。

我毫不猶豫的回答：「保養！」

「喔，很好！但為什麼是保養？」克莉絲汀問。

「因為保養品項是蘭蔻產品中最齊全的，而且有 3 成以上保養成分經過實驗室研發，在學術界頗具份量的歐洲學術期刊發表過論文。保養專業是品牌很重要的價值，而我自己也是受過保養專業訓練的專業人士，我認為是保養！」不知道為何，我越說越有自信。

「我喜歡你的語氣，充滿確定！我想問你，你可以說明什麼是『保養的專家』嗎？也就是，不只是懂保養，還必須是保養的專家？」克莉絲汀要我繼續反思。

「保養牽扯到皮膚，要成為保養專家就必須擁有皮膚結構的專業知識、肌膚問題的判斷和後續建議，以及必須了解市面上所有的保養品，而不是只有了解自家產品。」我一邊思考一邊說，克莉絲汀在電話那一端，耐心地傾聽著。

「那你認為，你和團隊該如何變成這項領域的專家呢？我說的是，『如何做』（How to do）？」

「因為是專家，就必須去上醫學院的基礎課程、跟著醫生實習皮膚問題鑑定、與醫生配合課程設計……，並且去了解百貨通路、開架通路、網路品牌前 10 大保養品。」我洋洋灑灑地說了一堆。

聽起來克莉絲汀達到她的目的了，她說：「非常好，你已經知道你今年的重點工作計畫了，我也會和其他主管討論你的想法，並且跟你做最後確認。但還有最後一個問題要給你，」克莉絲汀接著說，「你要如何確定你的團隊在保養領域變成專家後，就可以彰顯品牌價值，並且協助業務同仁成長 10% 業績，達到今年台灣地區的目標？」

哇！這是個大哉問。這題目帶著陷阱，我得仔細想想。

「要讓顧客了解我們的專業，並且依賴我們的專業，讓顧客來這裡做諮詢，進行回購。」開玩笑，這一行待了這麼久，就算是大問題我也可以聰明地回答。

「好的，Annie，我建議你，你的所有訓練和人才培養，都必須站在和顧客專業分享、讓顧客回購的角度，好嗎？」我彷彿看到電話另一端的克莉絲汀在微笑，「不要忘記，『目標』是讓我們抵達目的地；而『願景』就是我問你的第一個問題，是達成目標最重要的燃料。有燃料，才會有動力達標。」

這段對話深深影響了我後來的工作習慣，讓我成為一個有計畫概念、以邏輯思考的外商經理人。這些年來，我和我所服務的公司成功使用 OGSM

開拓亞洲市場、進入網路平台產業，不僅面對 2008 年金融海嘯時期雷曼兄弟公司（Lehman Brothers Holdings）帶來的產業衝擊，還完善處理了超過 51% 人員的離職變動。

什麼是職場上最令你痛苦的事？

我曾經在 2019 年簡單做過一項調查，詢問分別來自通訊產業、金融業、科技業、生物醫藥界超過 200 名，至少擁有 5 年以上管理經驗的經理人他們在工作上感覺最無力的是什麼？讓我驚訝的是，有超過 38% 的人對於專案、跨團隊的同儕溝通感到最痛苦。

第一個原因，是因為同事彼此沒有「職權」（Authority），沒有人可以強迫誰做什麼事，只能以「人情」拜託，久而久之，請託的人以及被請託的人都備感壓力。

第二，由於各自工作步調差別太大，例如，業務部門馬上面臨第一線客戶的壓力，但是把需求告知公司內的行政單位之後，行政同仁因為「無感」，速度上無法配合，內容上沒有彈性，導致內外勤爭執不斷。

第三，大家雞同鴨講的情況相當嚴重，認知差距大。例如，明明都參加會議，但是對會議結果認知差異過大。有趣的例子就是，某單位說：「下班之前會提供」，但聽的單位「認為」這意味著 5 點下班時就可以拿到報價，而因此跟客戶承諾「6 點前會提供企畫書和報價單」。結果說話單位「真正」意思是：「他離開公司前會提供」，結果因為認知不同，產生客訴，部門間相互指責，各自跳腳。

第四，最大的紛爭是，少數經理人覺得自己是大單位，是利潤中心，後勤就是要支援，幫他們賺錢。我曾經聽過某位學員略帶傲氣地說：「後勤都不知道他們的薪水是我們賺來的」，話中明顯認為各單位地位或有高低。可以想見，這場溝通尚未開始就注定失敗。

以上這些是執行層級經理人的答案。同時，我也趁著商周 CEO 學院授課期間，和超過 300 名 CEO 及總經理層級領導者聊聊這個主題。每一位學員都是市值超過新台幣 3 億元的企業領航者，他們穿著西裝，一身體面，容光煥發，但一聽到「什麼是工作上感覺最無力的事？」這個問題時，彷彿不小心打開潘朵拉寶盒一般，話題一開，不可收拾。

他們的答案幾乎一致：（1）員工缺乏市場危機感，（2）員工缺乏創新力，然而更讓眾多老闆痛苦且無解的是──（3）員工沒有執行力。

「危機感」可以溝通，「創新力」可以訓練，但更關鍵的就如同某位學員所說：「**執行力，讓我感到最無力！**」

這位大老闆貴為一家連鎖餐飲創辦人，旗下連鎖店超過 40 家，他感慨地說，「我去看店面，遠遠站在外面看了 30 分鐘，員工不主動幫客人倒水，也不主動跟推進門的顧客打招呼。但是我一進去，同仁看到老闆來，刻意就堆起笑容，主動拉椅子、倒水。」他停頓了一下，若有所思，「我不可能每天都站在旁邊盯著，他們必須知道，這個招牌因為有了他們的貢獻，才會產生價值。」

OGSM 對準領導者思維，徹底執行企業願景

根據統計，**高達 85% 的企業經理人，每個月以不到 1 小時的時間和員工溝通策略和願景**[1]。公司的願景往往是裱框在牆壁上的標語，員工每天從願景海報或文字面前經過，但是很少有人抬頭細讀。很少有人願意為員工真切地解釋這些完美文字，也很少有主管告訴員工，公司真的在乎他們。願景就像是一塊「大餅」，員工感覺不到，但企業領導人卻是如此急迫地想要。

舉個令人扼腕的例子。已有 125 年歷史以上的美國百貨始祖西爾斯（SEARS），曾是每個美國人生活的記憶，這個以郵購賣手錶起家的企業，其願景為「賣所有東西給所有人」。西爾斯百貨全盛時期在全美有超過 4 千多家店，總部甚至成為芝加哥的地標建築，卻因為集團受限於龐大的官僚體制、緊守固有組織文化，只知道把東西賣出去，卻忘了當初的願景，忘了與客戶一起演進，最終在 2018 年 10 月難逃聲請破產命運。

無獨有偶的，在大西洋彼岸的英國，創立於 1841 年的湯姆斯庫克（Thomas Cook），堪稱為全世界旅行團的祖師爺，希望「不斷成長，讓每個人都夢想成真」（We go further to make dreams come true.），也是最先推出包括旅行規畫、住宿、機票等一條龍服務的龐大旅行業集團，可惜的是，未能讓自己更快、更輕、更成長，終究抵不過網路購票、電商訂房、廉價航空的攻勢，最後在 2019 年 9 月 23 日吞下聲請倒閉的敗仗，長達 178 年的老店，瞬間應聲倒地。

根據統計[2]，企業每日的執行工作中，只有 **25% 的經理人在願景指導之下，選擇正確而且有效的策略，並以執行力確實運用策略**。意即有高達

75% 的經理人，在面對立即端出績效、產生利潤、贏得市場排名，給予股東最大利潤的壓力之下，往往沒有為策略保留發酵的時間。只要操作 3 個月內沒有見效，經理人就換下一個策略。或者，被市場的流行所迷惑，一窩蜂追逐「網路化」、「數位平台」、「大數據」、「創新變革」、「轉型」、「多元化經營」，過度追逐的結果，少了反思，不知為何而用，不確定是否對準願景，不確定是否能實踐目標。下場就是消耗成本、坐失競爭良機、失去員工信任、丟掉客戶忠誠。

燦坤的變革之路

再舉一個我從一開始就不看好的企業實例：「燦坤實業」。

燦坤在 1978 年以創辦人吳燦坤名字創立，前後入主「燦星旅行社」、「五花馬水餃」、「金鑛咖啡」，企業過度多元發展，然而專業知識卻不足，而且在併購企業時未能留任專業經理人。這個以製造業起家的 3C 電子連鎖通路，結果完全失去經營的方向感。哪裡有錢賺就往哪裡走。沒有對準願景的策略，注定在市場上迷路，多個跨領域經營的品牌進而消失。2019 年燦坤入主金鑛咖啡賠掉新台幣 7 億元，就是活生生的實例。

結果就是，在變革的這條道路上，只有 5% 的企業品嘗到成功的滋味。變革不成功的企業在市場下了架，但是員工何以為繼？經理人何其無辜？

以上的實例給了我們反思，**實踐願景可以為企業提供一條更清晰、更確定的成功道路。**而要實踐願景，則是需要主事者集中資源、排定優先順序，讓它慢慢發酵，進而成為一個具有價值，而且有存在意義的公司。

OGSM 一頁計畫表可以為以上文字提供令人興奮的成功要件，一張簡單表格，一張就好，就可以讓所有人都快速了解到：**公司現在的發展如何？我們可以如何一起努力？**

OGSM 的 8 大功能

一個簡單的表格不僅能完成企業願景，還能展現企業價值，因為 OGSM 展現了以下 8 大功能：

一、方向感：以「最終目的」提供全員共識的清晰方向感

表格中，第一個主題就是「Objective 最終目的」。因為掛在表格最上方，因此讓每個參與者每看一次 OGSM 表格，等於就被迫必須從頭再看「最終目的」。**「最終目的」包含了企業願景**，因此不斷地重複溝通，讓公司上下每位同仁都能對願景文字朗朗上口，可確定每位經理人在進行後續的規畫時，都能朝著「最終目的」不斷進行自我檢視，進而展現方向感。

二、具體化：以 SMART 原則落地執行

填寫表格時，會要求撰寫者為了承接「最終目的」，必須在 SMART 原則下，提供具體衡量的數字。在「最終目的」所描述的文字裡頭，找出關鍵字，然後為每個關鍵字設定「具體目標」。

「具體目標」之所以為「具體」，意即必須被拆解成可以「數字化」或「時間化」的陳述。因為「數字化」，所以可以被比較；因為「時間

圖 1-1：OGSM 基本格式

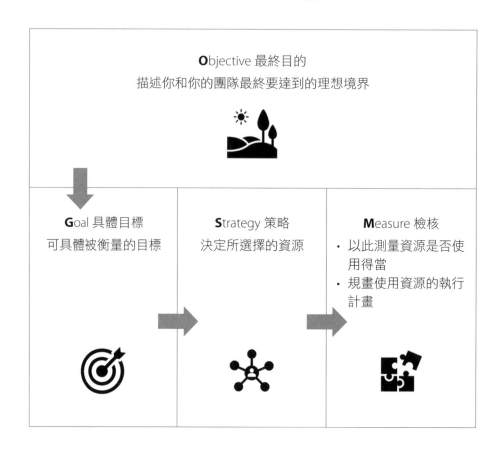

Objective 最終目的
描述你和你的團隊最終要達到的理想境界

Goal 具體目標
可具體被衡量的目標

Strategy 策略
決定所選擇的資源

Measure 檢核
・以此測量資源是否使用得當
・規畫使用資源的執行計畫

化」，所以能達成。「具體目標」支撐團隊要前往的「最終目的」，得以實踐只有文字敘述、畫面感的願景描述。

三、控制力：不斷確認現狀和理想的差距

因為出現了「具體目標」，主管與部屬必須定期開會檢驗是否符合目標進

度。因為有數字，所以能夠清晰地知道目前的進度。一旦雙方出現落差，就應該積極了解問題之所在，並在有限資源中，透過運用資源，將落差「控制」回到原來設定的進度。

四、專注力：僅選擇最有效的「策略」當做執行資源

表格中，「策略」擺在「具體目標」之後，意味著，經理人必須「選擇」一條或幾條最能符合「最終目的」的路徑，透過運用這個資源，讓自己走在正確的達標道路上。

五、迷你大效果：思考策略資源的取捨

「選擇」的最大意義就是，當你今天選了某一條達標的路，例如：全力攻占年輕族群，那麼等於你已「放棄」成熟族群市場的投入，「專注力」由此而來。這意味著，**選擇就是在決定「哪些不要」**。因為確定不做哪些事，才可以讓公司上下更齊心齊力，確定達標。這就是「**迷你大效果**」（**Mini-max Principle**）：**透過選擇最少，因此產生最多結果。**

六、執行力：「檢核」可確認策略資源被善用

在表格中，一旦確定資源，接下來就是要善用資源，並確保使用方法正確，可以發揮當初設定策略的功能。因此，我在使用 OGSM 經驗中，「檢核」是**最難、也最具關鍵效果的項目**。

「檢核」就是在執行策略的過程中，將過程切割成小的指標，透過設定小指標，讓執行者確定自己沒有走偏或走錯路徑。因此，要如何「檢核」？

首先，你會需要擁有一個明確的**「衡量指標」**和**「行動計畫」**。

以個人減肥為例，如果你計畫一年要減重 12 公斤，這個「具體目標」丟出來之後，你接下來會怎麼做？也許你會想到去健身房，那你怎麼知道去健身房對減肥有效呢？自然地，你會給自己再設定更小的「衡量指標」，例如，要求自己必須「一個月去健身房 15 天，每次運動 2 小時，每次消耗卡路里數必須不低於 500 大卡」。後面這段描述就是「衡量指標」，而真的每個月去健身房 15 天，每次持續 2 小時的運動，就是執行「行動計畫」。

七、要事管理：協助每個人找到優先順序

在表格中，因為單位內知道具體目標，了解策略所提供的資源，團隊就可朝著規畫的方向，自行排定工作內容的優先順序，確定出「最重要的事」。「要事管理」的更大意義是，因為重要的事都是同一件事，員工會以此成為共同的溝通語言，並且在相互一致同意下集氣、集力，讓執行 OGSM 時更能展現正向的循環效果。

八、溝通力：啟動對話，注入企業創新及活力

OGSM 有個非常重要的精神：**員工必須主動提出目標及方法。**

這是因為 OGSM 和市場綁在一起，當市場變動越大，主管就會發現，找出問題的往往都是最了解第一線或是現場執行的人。主管在尋找及解決問題上，越來越難以施力，因此，主管絕對需要啟動與員工的對話，找到解決問題的方法。對話中還包括員工要願意自行承諾修正後的新目標，或提

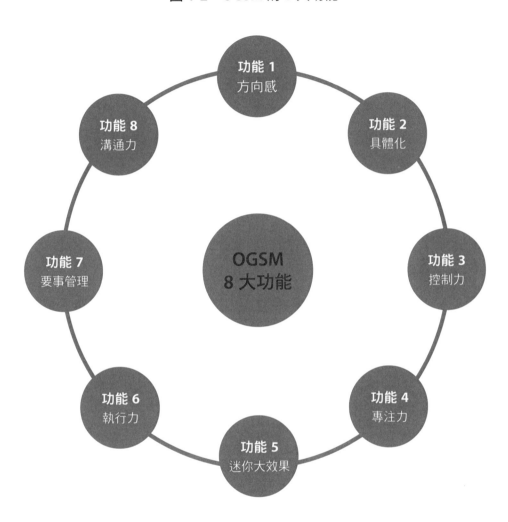

圖 1-2：OGSM 的 8 大功能

出具有挑戰性的目標。讓企業開始產生創新能力，有效提高員工「內在自我激勵（Intrinsic Motivation）」[3]絕對是高效能管理者非常需要的能力。

最終，透過對話，**OGSM** 在一張表格裡把「最終目的」、「具體目標」、「策略」、「檢核」全部羅列出來，並確保彼此環環相扣。

使用 OGSM 的前提及提醒

一、全體員工都能學習並使用 OGSM

全體員工，包括基層人員都適合使用 OGSM。OGSM 不是高大上的主管專利。

但重點是 OGSM「只有一頁」，篇幅十分有限。因此，我的經驗是一張 A3 尺寸的 OGSM 可以塞下 **3 層的工作人員，是最合宜的規格**。最常使用的層級就是：經理→主任→專員。如果您是總經理或事業單位高階主管，只要請每位經理各自交出一張 OGSM，您就可以在最少數量的表格上看到最完整團隊的工作進度。

二、OGSM 特別適合快速反應市場的職位或行業

OGSM 的設計是為了協調各單位作業，快速反應環境。如果你的產業處於快速變動，或者你的單位必須和市場脈動隨時串聯，例如行銷、銷售、業務工程、專案經理等，特別適合以 OGSM 為工具，進行快速且周延的溝通。

三、基本管理概念就能了解及運用 OGSM

不需要完整的管理學訓練，你只要有基本概念即可輕易上手。從下個章節開始，我會一步一步告訴你，要如何開始動工 OGSM。

四、請大老闆或高階主管先學會 OGSM

我的建議是公司的大老闆、高階主管必須先學會 OGSM，之後再以教練引導的方式，讓下一階部屬（N-1）理解後，再把 OGSM 傳達給下下一階人員（N-2），產生學習的漣漪效果。

大老闆和高階主管先學會 OGSM 的另一個意義是，知道如何不斷地修正 OGSM，透過修正，讓邏輯更清楚，並且更能展現績效。簡單言之，高階主管必須是一位可以和員工討論，甚至有能力修改 OGSM 的人。

五、OGSM 和 KPI 難以完全掛勾

這應該是我遇到最多提問的問題。答案其實在主事者身上。KPI 著重的是過去的表現，並一起計畫未來。但 OGSM 的特點是，它著眼於執行力，並且可以不斷修改，因此特別關注當下。

另外，因為必須不斷修改，挑戰新目標，所以特別要求員工主動、隨時雙向溝通，並願意提出高挑戰目標。因此在我們輔導的經驗中，一旦有了 OGSM 就不宜再採用 KPI。理由很簡單，有哪個員工願意自己承諾具有挑戰性目標，當未能達標時，影響了 KPI 表現，跟口袋裡的薪水過不去呢？

六、高強度推行 OGSM，8 個月可見效

OGSM 在公司內需要推廣時間。就如同一鍋好湯，需要耐心慢火細煲。以我手上的例子來說，一間 50 人的公司，組織層級 3 層，每個月一級主管花 20 小時學習，每星期研討 OGSM 至少 2 小時，在這樣高強度及高密度的推廣下，見到明顯成效大約需要 8 個月時間。一般企業平均而言，約莫需要 1 至 3 年以上的推廣時間。

這樣辛勤的付出，是因為 OGSM 的迷人結果值得等待。OGSM 讓經理人可以達到預定目標，讓全體員工清晰且了解工作方向，並以此調整工作想法、工作速度。OGSM 能夠增進主管與員工之間的對話，造就一個具有「計畫變革」、「知識學習」、「教練對話」、「內在激勵」的高執行力團隊。

簡單來說，**OGSM 是一個可以調整企業體質，創造企業高敏捷競爭力的工具。**

七、先學會 OGSM 基本形式，然後自行調整

我鼓勵依照工作所需，依照目標和任務自行調整 OGSM 表格。我也建議開始練習 OGSM 時，盡量不要使用複雜的電腦程式，最好用簡單的文書處理工具：Excel 或是 Word 操作即可，甚至用手隨意畫出表格都行。理由無他，因為工具簡單，所以簡單用；簡單用，大家比較願意用，也更容易修改。

八、本書有案例說明，但不建議你先閱讀

這本書就是 OGSM 的工具書。我在台灣已經使用超過 10 年，在商周 CEO 變革管理課程執課 3 年以來，包括自身的輔導案手上已經累積超過 300 個案例。你將會在本書看到來自各個產業、各種層級主管寫出的 OGSM 內容。

更難能可貴的是，我會在本書修改有瑕疵的 OGSM，你可以在第 3 部看到我修改的思路和痕跡。但我建議你先耐著性子，先看完第 2 部 OGSM 各項定義的完整概念，而非一下子就翻到後面章節去看別人怎麼寫。因為，建構基本概念就像為房子蓋地基，擁有完整的思維之後，才有能力建構符合自己想法的策略。

接著，請你開始進入下一章：Objective 最終目的。

如何使用
OGSM？

第 2 章

Objective 最終目的

Objective（最終目的）是一種文字陳述，說明單位或個人存在的價值，指引經理人或所有工作者，在中、長期工作上決策及執行的方向。

「什麼是你的企業或單位，想要達成的最後目的？」往往我對學員提出這個問題時，回應我的通常是沉默。我再進一步補充：「最後目的有點像是『願景』，你們的企業或單位願景是什麼？」現場仍一片靜默。

總算，有學員舉手：「請問，你提的『最終目的』是不是長得很像廣告詞？」

「有點像是廣告詞……。是的，如果你覺得廣告詞的寫法，也可以表現出你希望帶領團隊抵達的理想境界，當然也沒問題。」我試著引導他。

「可是我們之前需要花很多時間，才能想出很漂亮的廣告詞。」

「我們回到源頭來思考……你覺得你成功之後，你和團隊看起來像什麼樣子呢？」我話一出，他突然直覺地對我說：「老師，我如果成功了，我希望我的存款簿看起來像是有新台幣 5 億元的樣子。」

唉，頭好痛，怎麼答案完全走鐘了……

我後來想想，也不能怪這位同學，Objective（最終目的）的確需要花心力構思。接下來，我將告訴你如何一步一步地構思出你的 Objective，也就是當你努力了之後，你的理想國將會是什麼樣子。

什麼是 Objective 最終目的？

它是一種文字陳述，說明單位或個人存在的價值，指引經理人或所有工作者，在中、長期工作上決策及執行的方向。

就以上的描述，「最終目的」定義了組織存在目的、存在意義，描述企業、甚至個人，希望在所設定的期間內展現何種樣貌。因為最終目的都是文字描述，因此帶有「畫面感」，讓跟隨者在這一幅描繪理想的畫面裡被吸引，進而願意追隨。所以「最終目的」會讓人心嚮往之，並在達標過程中，讓這個圖像在每個人腦中產生自我激勵，驅動自我行動，而自然湧現「內在驅動力（Intrinsic Driver）」。

「最終目的」因為有「畫面感」，所以領導者是否能透過溝通，將畫面烙印在公司每位相關人等心中，就變得非常關鍵了。因此在 OGSM 的執行中，領導者最大的任務就是「溝通畫面感」。在溝通時，用簡短的話語，有力的訊息，建構一個成功的「圖像」。一旦這圖像慢慢在員工腦海中成形，從模糊逐漸立體，終能激勵人心，引導大家前行。溝通畫面感絕對是主管們責無旁貸的責任。

給予團隊一幅未來的理想國畫面，賦予每個人在這個理想國的角色，並且不斷告訴員工他在這個理想國的貢獻度，因而使 OGSM 展現了一個核心精神，那就是——**全體員工將會朝著同一個方向努力。**

要如何讓公司每位同仁都展現這個精神？關鍵就在於，當大家覺得「有機會成就美好未來」，並認為「這件事情與我有關」時，全公司不分階層，每個人就會更願意挽起袖子全力以赴。也因此「最終目的」有著能夠「激勵人心」的功能，就像美國心理學家馬斯洛（Abraham Maslow）[1] 所提出的個人需求最高境界——「自我實現」，這個「自我實現」即是和「最終目的」遙相呼應。

也因此「最終目的」協助公司在某個範圍內展現「**價值**」。很多管理書籍

都談到「價值」（Value）。簡單來說，價值就是「是否產生用處」。那麼，到底對「誰」有用，或者在「哪個領域」有用，就必須要進一步定義明確「**對象**」。

這個價值可能是對「消費者」有價值，例如：提供消費者安心有保障的農產品；可能是對「內部員工」有價值，例如：提供員工一個幸福企業工作環境；可能是對「下游品牌客戶」有價值，例如：成為品牌提供客製化服務最專業的後盾。因此在設定「最終目的」時，就要有對話概念，意思是，必須對著某特定的「誰或領域」說話，讓該企業可以使用，進而產生價值，然後才可能讓領導者和團隊抵達所描繪的理想境界。

經過以上說明，可能會有人提出疑問：那「最終目的」和「願景」、「理念」到底有何不同？**其實「最終目的」包含了願景和企業理念的概念**，意即只要「最終目的」的文字描述中，能夠回答以下問題就可以了：

<u>當我們成功時，我們看起來像什麼樣子呢？</u>
What success looks like in the future？

以下列舉幾個我曾經輔導過的案例，讓你更理解何謂「最終目的」：

- 幫助客戶在污染的時代過健康生活（骨科診所）
- 寵物健康的守護者（寵物店）
- 提供消費者新鮮、風味、健康的咖啡（咖啡豆進口廠商）
- 成為頂級時尚服飾的夢幻品牌（高級服飾）

- 成為永續循環、環境友善的經濟造紙品牌（造紙鍋爐設備廠商）

3步驟輕鬆寫出Objective 最終目的

我們期待每位領導者對自己的公司、單位、團隊，撰寫出一個具有激勵人心，讓人心嚮往之的「最終目的」。由於「最終目的」通常具有比較長遠、指導性的作用，不宜快速且大幅變動，因此一開始宜謹慎為之。「最終目的」主要是提供員工前進的方向，因此引導到何處，進而產生競爭優勢是重要關鍵，所以第一步必須**審視環境**。環境的資料有兩種，**一種是外部環境，另一種是內部環境**。如果你對於撰寫「最終目的」覺得很頭痛，以下步驟將幫助你寫出專屬的理想國藍圖。

第 1 步：蒐集外部資訊

對外部環境的審視可以使用 SWOT 分析[2]，但我建議，只要特別回答自身的優勢（Strength）、機會（Opportunity）即可。這有兩個好處：（1）可以節省時間。做過 SWOT 分析的人都知道，SWOT 如果仔細做到底，需要花費非常多時間進行資料蒐集、整合和對比，這對決策者而言，實在太花時間了，太費時的分析或決策工具，建議不要過度使用。（2）專注在「優勢」和「機會」，更容易產生專注力，你將能更了解自己的強項、可以發揮的地方，我們都承認，集中資源、專注集氣更容易達標。

第 2 步：蒐集內部資料

審視內部環境，代表必須蒐集企業故事、主管及員工的想法，當然還有主

事者的理念。因此我們建議在公司內，老闆帶著一級主管，召開「願景日（Vision Day）」。請所有一級主管拋出想法、意見，以此匯聚出公司未來的願景，或者定義出可以提供給客戶或消費者的價值方向。

以下是我們帶領過的「願景日」，如果想要實際操作，建議可以從以下步驟開始：

打造願景日8步驟

- 步驟1：總裁先對公司未來3到5年的計畫說出想法，並且寫出關鍵字，黏貼在牆面上。
- 步驟2：一級主管說出未來3到5年，自己所屬部門的計畫、想要服務的顧客對象，並且解釋這將會為客戶和消費者帶來什麼好處？解決什麼問題？以及能為公司帶來什麼價值？
- 步驟3：所有一級主管報告完畢後，總裁和外部顧問詢問參與者：「在過去、現在、未來，我們的客戶會是誰？（服務對象）」，將關鍵字寫下，貼在該主題牆面。
- 步驟4：接著詢問參與者：「哪些關鍵字可以為我們的客戶帶來最大價值？（企業存在的價值）」，將關鍵字寫下，貼在該主題牆面上。
- 步驟5：接著詢問參與者：「哪些關鍵字可以為客戶解決哪些問題？（企業存在的效能）」，將關鍵字寫下，貼在該主題牆面上。

- 步驟 6：總裁和外部顧問最後詢問參與者：
  「我們希望客戶想到我們時，就立刻聯想到什
  麼？」也就是，「我們在客戶心目中是什麼樣
  的公司」（企業定位），將關鍵字寫下，貼在
  該主題牆面上。
- 步驟 7：總裁或外部顧問總結牆面各主題上的所
  有關鍵字，在每一個題項，開始分類。同一類
  描述，放在同一區塊上，分類盡量越細越好，
  盡量遵守 MECE 原則[3]。
- 步驟 8：接著遴選出該題項重複率最高的關鍵
  字。建議最多只能有 3 組關鍵字，因為過多關
  鍵字容易發散失焦。

請留意，以上 4 大提問（步驟 3～步驟 6）可以公開討論，或是投票，但
是請確定每位主管都有發言或表達意見的機會。

建議舉辦「願景日」時，可以安排在遠離塵囂、環境優美，但對外交通不
便的地方。以兩天一夜的形式，抽離平常的忙碌，讓與會者可以專注在主
題，彼此密切交流，腦力激盪，讓企業領導人和主管能夠彼此了解狀況，
擁有共同目標。

「願景日」想要成功，另外還有一個關鍵因素：每個人都必須知無不言。
因此一級主管或員工彼此發言不能有所忌諱，也不能有不敢發言的狀況。
這也是為什麼我們會建議聘請外部顧問在現場協助的原因。因為外部顧問

是第三方角色，在蒐集關鍵字時、引導發問上，會相對客觀，沒有工作上的偏見，因此容易引導出有價值的答案。

在這整個過程中，企業老闆必須以寬大胸懷、開放的心態，接收主管們給的想法，最忌諱員工說了，結果大老闆不斷反駁、解釋，甚至斥責。**採用 OGSM 的過程，就是一個改變企業文化的過程，這意味著老闆必須建立一個開放、溝通的工作環境，讓改變的力量來自員工，而非企業主勉力為之，一意孤行。**

第三步：將關鍵字串成句子

將總結出來的關鍵字，4 大提問：服務對象、企業價值、企業效能、企業定位串成句子。

例 1：如果你的關鍵字有全球前 10 大太陽眼鏡品牌客戶、高緊密度服務、完整的產品和服務方案、專業訂製。那麼，你的「最終目的」可描述如下：

> （太陽眼鏡鏡片供應商）
> XX公司要提供全球前10大太陽眼鏡品牌客戶，高緊密度的完整服務，成為客戶指定合作的專業鏡片供應商。

例 2：如果你的關鍵字有全球網路通訊設備廠商、關鍵通訊零組件、精密壓鑄、高妥善率及量產水準。那麼，你的「最終目的」可描述如下：

（通訊設備廠商）
帶領XX公司為全球網路通訊設備廠商，在最快速時間內，擁有精密通訊設備關鍵通訊零組件，成為客戶不可取代的合作夥伴。

例 3：如果你的關鍵字有：實體和非實體的消費者、全新的消費體驗、隨時隨地滿足購物需求、足部健康的專家。那麼，你的「最終目的」可描述如下：

（鞋墊足體養護）
透過線上、線下通路網，滿足顧客不受時間限制的購物逛物需求，並且成為呵護顧客足部健康的專家。讓每位顧客足下有風采，美麗並且健康。

以上的案例是由公司視角所撰寫的「最終目的」，你可以發現，我們很鼓勵在文字中限定一個服務「**領域或範圍**」，例如「全球前 10 大」、「網路通訊設備」、「一般顧客」，這是因為描述服務領域時，若是服務的客戶圖像越精準，在員工腦海中描繪這幅圖像的細節就會越多，因為腦中有精細的客戶畫面，所以更能知道自己所負責的領域會對哪些人產生什麼樣的結果。當客戶圖像在員工腦中越清楚，員工更會自發、自覺，因而產生「當責」[4]的效果。

我們也鼓勵包括單位主管，例如行銷經理、業務經理、開發經理寫出單位等級的「最終目的」。

行銷經理可以想想，你覺得一個成功的行銷團隊，「看起來會像是什麼樣子？」也許是，成為可以獨當一面，並擁有創新能力的行銷人。也許是，可以產出速度快、想法優的行銷戰鬥團隊。不論你的想法為何，請記住，**「最終目的」是你最終想要團隊到達的理想國，是你期望帶領團隊抵達彼岸的境界。**

你也可以這樣發想

我以迪士尼公司（Walt Disney）為例，協助各位讀者理解「最終目的」。

迪士尼公司在其官網對企業願景描述如下：「華特・迪士尼公司的最終目的是透過組合不同產品的內容、服務及消費者產品，成為全世界在提供和製作娛樂及資訊內容的領導者。[5]」在這段描述中，請特別留意「關鍵字」：「組合」及「提供者和製作者」。只要能夠了解迪士尼公司的願景，你就能夠了解迪士尼公司為何要在 2017 年以天價 524 億美元收購 21 世紀福斯公司（21st Century Fox），其中還包括《X 戰警》（*X-Men*）、《驚奇 4 超人》（*Fantastic Four*）、《星際大戰四部曲：曙光乍現》（*Star Wars Episode IV: A New Hope*）的電影版權。迪士尼公司透過樂園、電視、電影的影像版權，製作包括玩偶、服飾等周邊商品，的確已經成為全世界首屈一指的娛樂王國。

在參考其他企業的「最終目的」時，你會發現，這都是文字描述，說明在某個領域中朝著哪個方向努力。在閱讀這些文字時，請習慣性的把「關鍵

字」圈選出來，這個動作將會增加你對該描述的理解，更會幫助你之後的邏輯思路。

在我的輔導過程中，許多 CEO 及總經理面對 Objective（最終目的）時往往不知道該如何下筆。原因很多，最主要的困難點來自，平常都是談具體目標，具體數字習慣的人，腦中想的都是執行計畫：像是明年要去柬埔寨開工廠、預計 IT 部門增加人力、可能要招募更多銷售人員、新產品開發速度和量都要增加……。想了一堆做法，但是不知道如何湊成 Objective（最終目的）。看到他們提筆停在半空中寫不出一個字，我看得很不忍心。我的下下策建議是，**如果你真的寫不出 Objective（最終目的），那就先不要寫。**

啥？我開你玩笑？！

不，沒開你玩笑，我的意思是，先從熟悉的下手。**把整個 GSM 寫完，再回來寫 Objective（最終目的）。**為什麼？因為許多中小企業老闆很清楚要做什麼，了解公司接下來可以往哪個地方走，他們習慣動手做，卻不習慣先想最終目的。簡而言之，有些老闆習慣先做事，不習慣先想再動手。如果你也習慣這樣的做法，那麼你就把具體目標（Goal）、策略（Strategy）、檢核（Measure）都先產出，等到寫完這些之後，你應該也大概知道自己的 Objective（最終目的）要怎麼寫了。

我舉個例子：

G：在 2020 年 12 月 31 日前，新增 5 個酒類品牌。
S：透過國外參展開拓品牌。

M：2020 年 9 月 30 日要參加 3 個大型國外展覽。

請問，你覺得這位案主心中的「理想國」是什麼？經過討論，以下是他的 Objective（最終目的）：

> 成為品牌最豐富、口味最多元的酒類進口商

承接以上的描述，你就知道他的品牌價值關鍵字是：品牌豐富、口味多元，他所服務的客戶是下游酒類經銷商。

其實，我不建議一開始學 OGSM 就由後往前推，但是如果你真的遇到困難，實在苦思不出解決方法，又難以下手，同時底下的一階主管資歷尚淺，無法跟你有完整的討論，那麼可以試試看使用這個方法。**但缺點是，因為這是從現狀所導出來的，會犧牲掉理想性，並且會減少員工熱血澎湃的願景感受。**

不建議這樣寫

一、寫出老闆私心

在我輔導 OGSM 的經驗裡，遇到最大的挑戰，也是學習者最大的困難就是，大老闆都在寫自己心中想要的目標，但是對觀看的人而言，沒有價值、沒有感覺，甚至直觀認為這個願景是老闆自己想要的，而和關係人如廠商、客戶、員工無關。

請記住，為什麼 OGSM 一開始要寫「最終目的（Objective）」，就是希望老闆或主事者在描繪理想國的過程中，創造可以讓人跟隨、激勵人心的動力。前面提過「最終目的」想達到全員溝通目的，因為相關人員會覺得「這件事和我有關、對我是有意義的」，會因此而感動，重新調整對工作的投入程度。所以，「最終目的」對於「看」的人來說必須有意義，主管是以「最終目的」和員工「溝通」的。

但是有太多企業領導人在寫「最終目的」時，字裡行間透露出私心，導致員工在看這些句子時心中完全無感。以下再舉幾個 NG 的例子：

- 紅回台灣。
- 成為台灣最賺錢的物流業者。
- 讓 XX 產品營業額再次登上高峰。
- 上市股價達 3 位數。

請問，「紅回台灣」是對誰有意義？在解決什麼問題？呈現什麼價值？理想境界的定義是什麼？另外，「紅」這個名詞變成動詞，「紅」的定義是什麼？讓每個人都知道這個牌子？還是告訴大家這是被國際市場肯定的產品。被國際客戶肯定很好，但是這跟消費者有什麼關係呢？

因此，我建議可以做以下這樣調整：

表 2-1：Objective（最終目的）調整示範

NG版	建議版本
紅回台灣	以先進科技，提供愛美的消費者，隨手擁有專屬女性的優雅和美麗。
成為台灣最賺錢的物流業者	以數位科技，提供溝通平台，讓通路不囤放客戶貨源、貨品也從不短缺，成為最令人安心的物流夥伴。
讓 XX 產品營業額再次登上高峰	提供顧客當下的美好體驗、後續的專業關懷，成為可被顧客依賴的朋友。

二、關鍵字字眼過於模糊

Objective（最終目的）是由關鍵字所組成，那麼關鍵字某種程度就會決定最終目的寫得好不好，或者，是否達成其目的。

關鍵字之所以為「關鍵」，是因為它的描述，字眼意義範圍會小到剛剛好，讓每個人在看「最終目的」文字時，在腦海中產生相同的圖像，因此關鍵字不能失之龐雜，模糊到讓人無法理解。

例如：

- 帶領新創公司成長（哪個領域的新創？是為了追求成長或僅僅是為了求生存？）。

- 成為在客戶眼中 CP 值最高的產品（什麼是客戶眼中？ CP 值是什麼的 CP 值？）。
- 成為全球頂尖贈品供應商（如何定義頂尖？市場量？品質？創新？）。

當使用過於簡要的字眼時，就會讓人各自解讀，因此產生模糊地帶。請再度回頭檢視，試著以「服務對象（範圍）」、「企業價值」、「企業效能」、「企業定位」等 4 個提問撰寫答案，至少有個指引，不致失之偏頗或龐雜。多看案例，多練習寫，才會有手感。

那麼來吧，試著回答以下問題，寫出你的 Objective（最終目的）。

換你試試看：寫出你的 Objective 最終目的

問題	你的關鍵字	舉例
服務對象／範圍		例：消費者、經銷商、供應商等
企業價值		例：提供高緊密度服務 例：提供快速客制化零組件
企業效能		例：不受時間地點限制 例：提供物美價廉的水產

問題	你的關鍵字	舉例
企業定位		例：全球前10大頂尖品牌零組件供應商 例：成為口味最豐富的酒類供應商
（你的「最終目的」陳述）		

無論你的「最終目的」寫得如何，只要每次問自己這個問題，讓它在心裡產生答案，然後不斷咀嚼，試著讓答案越來越深刻，越來越清晰就對了。這個問題就是：

當我們成功了，我們看起來像什麼樣子呢？

What success looks like in the future？

第3章

Goal 具體目標

Goal（具體目標）是在一個領域中，短期時間內想要達到的目的地。Goal 可以指引團隊，並以此分配和使用有限資源。

什麼是 Goal 具體目標？

相對於 Objective（最終目的）的中、長期指引角色，Goal（具體目標）顯現出短期之內必須要達成的結果。也因此，Goal（具體目標）的關鍵字是「具體」。具體一詞最大的意義是，**可以觀察而且必須數量化**，正因為可以數量化，所以可以衡量；正因為可以衡量，所以才能客觀知道離目標有多遙遠，還需要投注多少資源，以便達成所設定的目標。

MBO 目標管理

談到這裡，就不得不提到管理大師彼得・杜拉克的名言：「**凡無法衡量的，就無法達標，就無法管理。**」他的著作《彼得・杜拉克的管理聖經》[1]（*The Practice of Management*）更進一步提出「目標管理」（MBO），而引領了許多經理人對績效及產出的具體想法。

MBO 中文翻譯為「目標管理」。將字面拆開解釋，意思就是「管理的動作必須以目標為準則」。意即：沒有目標，即無法管理；設定好的目標，就會有良善的管理動作，反之，亦然。

杜拉克談到目標管理，包含了以下 3 個重要元素：

一、參與決策

企業內的經理人和執行者，都必須對所需承諾的目標，有參與討論的機會。在大家的意見下所討論出來的目標，容易得到員工的認可，員工比較

願意為了這個目標努力付出。

二、目標設定

設定清晰、可衡量、具體的目標，讓全員都可了解是否進度在規畫內？如果不是，那麼離目標還有多遠？而還需要使用多少資源控制此種偏差，讓現況回到規畫的路線之內？

三、客觀回饋

定期、持續、客觀的數字回饋是進行目標管理非常重要的動作。經理人在設定目標後，應該要隨時了解進度，並透過不斷查核，確保執行工作都在正確的道路上。

> **目標 vs 目的**
>
> 請特別留意，目標管理的原文「Management by Objectives」，杜拉克使用的是 Objectives 一詞，當時的翻譯為了讓讀者直白的理解，而將 Objectives 翻譯成「目標」。但是在 OGSM 中，我們必須將 Objective 和 Goal 兩者的翻譯區隔開來，並且要求更精準的定義。在此特別說明，**Objective 在本書的中文名稱翻譯為「最終目的」，Goal 則是翻譯為「具體目標」**，以免造成讀者混淆。

MBO 在商界和學界產生非常大的影響，特別是學界。這個學說影響了美國馬里蘭大學（University of Maryland）管理學兼心理學教授艾德溫・洛克（Edwin Locke），他在 1968 年的研究中指出，設定具有挑戰性的目標，將具有激勵作用，成為員工努力的動機，以此驅動員工完成目標。此一「目標設定理論」（Theory of Goal Setting）在學界經過不斷驗證，成為效度最高的理論。這意味著，好的目標設定所帶來好的效果，已經無庸置疑，可以期待成果。

如何設定好目標呢？下面，我們來探討——SMART 原則。

SMART 原則

喬治・多倫（George Doran）承襲彼得・杜拉克的管理思維，以及艾德溫・洛克的目標設定理論，在 1981 年《管理評論》（*Management Review*）提出「SMART 原則」[2]，經理人只要遵照這原則，就能設定出具有效能、激勵、可實踐的目標。以下列出 SMART 原則後續被業界調整的說明：

表 3-1：SMART 原則

明確的 （Specific）	目標設定必須設定在一個明確，小到剛剛好，讓員工可以對準的範圍，而調整自己的工作投入。
可衡量的 （Measurable）	目標設定必須根據在一個基準點上，而且盡量數字化或者時間化，讓所有人了解目標設定的合理性，以掌握進度。

可達成的 （Achievable）	目標的設定必須難到恰到好處，透過努力，而有機會達到挑戰性目標。
相關的 （Relevant）	達標過程中，必須確認努力方向與目標息息相關，不希望人員弄錯方向而白費力氣。 它的另一個意義是，目標設定必須和員工的工作範圍有關，設定一個員工無法控制的目標，例如：把降低客訴的目標放在顧客服務中心部門，會讓員工充滿無力感。
有期限的 （Time-Bound）	目標設定必須限制時間，在有限時間內，根據有限資源，在前方目標引導下，聰明地使用策略達標。

SMART 原則的誕生，主要是讓使用目標設定的人士，只要遵循這 5 個標準，自然可以寫出「好的」目標，邏輯就是，只要有「好的」目標，就會帶出「好的」管理。目標不能亂設定，也不能沒有任何根據。而這個「根據」就是 SMART 原則。

企業界幾乎每位經理人都能將 SMART 原則朗朗上口，每個人彷彿已經能心領神會。但是我很悲觀地發現，這個名詞並沒有真正被運用，到最後，又是一個掛在牆上、漂亮的管理學裝飾品。

在 OGSM 當中，可以徹底運用 SMART 原則。請讀者特別記住 SMART 其中 2 個重要原則：「Specific 明確的」以及「Measurable 可衡量的」，就能妥善地發揮 OGSM 的 Goal（具體目標）了。

一、Specific（明確的）

「明確的」的重要意義是，在設定目標時必須框架出想要達標的範圍。意思是，必須明確定義想要達標的對象、方式，盡量縮小範圍，而這個定義必須精準，而且小到剛剛好，方便執行者瞄準，但是又具有彈性。

舉個例子，你預計要花 1 千萬元買房子。如果你把目標寫成：「我要準備 1 千萬元買房」，這個描述不夠「精準」。但如果你寫成：「我要存 1 千萬元買房」，這個描述比上一句更具體。為什麼？因為「存」這個動詞，意味著你想要以「減少花費，並儲蓄」的方式，來獲得這 1 千萬元。因此，你接下來所有的達標動作，想的都是如何「儲蓄」，如何「減少開支」。相反地，如果你的定義是「賺 1 千萬元」，那麼，你就會以「跟公司提加薪、找第二份工作、換工作」等方法來達到目標。

又例如你想要提高業績，把目標寫成：「我明年要多做業績新台幣 2 億元」，我們也會說你的描述不夠「精準」，指引性不夠。

但如果你寫成：「我想要推出新機能商品，透過吸引年輕族群，產生新顧客，進而多做業績新台幣 2 億元」

我們就會說，這個描述比上一句就更具有指引性。為什麼？因為要多做 2 億元的方法很多，可以透過股東增資，增加設備量產；也可以增加業務團隊規模，產生業績；也可以透過購併，立刻達標。但是如果你的達標方式有限定，能夠清楚說明你想要以「新機能商品」，吸引「年輕族群」，那麼，如果我是員工，我就會很清楚知道，老闆希望將品牌年輕化，或是希望新產品有新的聲量，而吸引年輕消費者目光。

二、Measurable（可衡量的）

「可衡量的」是我在教授 SMART 原則中最要求學員的部分。如果各位讀者對於前述「明確的」還是不太理解，那麼我建議，你只要記住這個原則：「可衡量 = 數量化」，你的目標設定一樣也會「很聰明（SMART）」。

有兩種項目可供你數量化：一種是數量；一種是時間。

所謂的「數量」，有兩種寫法，一種是「總量」，例如：10 個、2 萬批、5 個人。另一種是「百分比」，例如 5%、1/3。

「百分比」主要是給高階主管使用。因為百分比有「相對」概念，例如。「占整個市場的 51%」這段文字，你會很清楚知道，相對於整個市場值是 100%，而 51% 意味著過半。因此「過半」的相對概念代表「相對於你，我是握有掌控權的一方」。簡單而言，百分比的描述可綜觀全局，了解整個市場分布。

以執行層面而言，「總量」更具有執行意義，因為著重的是「分配」，例如，「營業額 5 億元，占整個市場的 51%」這段文字描述，你會覺得「更精準」，為什麼？因為你能藉此具象地了解到，原來 51% 代表營業額必須做到 5 億元。既然年度要做到 5 億元，那麼很自然就會知道一季至少要做到 1.25 億元，每個月要做到 4 千 2 百萬元。「總量」有往下層層分配的意涵。在 OGSM 當中，我們偏好「總量描述」。理由無他，就是因為「總量可以往下分配」，也因為可以往下分配，才得以真正被人員「執行」。

所謂的「時間」有兩種寫法，一種是「截止日期」，另一種是「時間區段」。

「截止日期」的建議寫法，例如：在 2020 年 12 月 31 日前完成新展店 20 家。此種表達方式很清楚告訴彼此，在某個時間之前必須完成的事項。因此這種描述有個暗示，就是偏向純「結果」導向。意思是，不管各部門、每個人怎麼做準備、做協調，反正時間一到，20 家新店面就必須在市場上出現。

不過這在執行上有個問題。因為沒有「起始點」，大家不知道起跑點在哪裡，導致有些單位的資源晚到位，有些單位把開店的重要順序往後排，大家認為反正只要某個時間點產生某個結果即可，資源和人員何時到位，並非關鍵。在這樣的思維下，部門或彼此間「工作步調」（Working Pace）不同步，非常容易產生溝通問題。這種情形最常發生在科技產業的專案經理人身上。一個必須掌控資源到位和使用的專案經理，如果在溝通時，沒有提供對方「起始點」，就很容易在協調中產生爭執。

在此思維下，我比較推薦「時間區段」寫法，例如：「從 2020 年 7 月 1 日到 2020 年 12 月 31 日起完成新展店 20 家」。時間區段的目標表達方法，包含了「起始點」、「截止點」，有頭也有尾，執行時若要溝通，較為一致，也容易協調。同樣地，更符合 OGSM 的溝通精神。

在此補充說明的是，有些部門或人員的工作無法量化。最經典的就是「客服部」、「工務部」、「培訓部或人資部」、「餐飲部」等後勤單位。這時我會建議，以「時間」為量化寫法。例如，具體目標可以寫成：

（例）

- 在 2020 年 6 月 3 日到 8 月 31 日之間，召募 5 名國外業務人員。
- 在 2020 年 9 月 1 日到 10 月 31 日之間，錯誤訂單不超過（含）5 張。
- 在 2020 年 11 月 1 日到 12 月 31 日之間，安全消防系統完成年度檢驗。

大原則就是，能夠數量化就盡量數量化，不能數量化就盡量時間化。 目標能夠有數量、有時間是最好的。但如果只能滿足其中一個條件，也不失為「好聰明（SMART）」的目標了。

如何寫出包含 SMART 原則的 Goal 具體目標？

如果理解了 MBO 目標管理所隱含的 SMART 原則中的，明確的、可衡量的 2 個重要概念，那麼你就可以開始著手撰寫 Goal（具體目標）了。

具體目標寫法有個「基本公式」：

動詞+名詞+時間

一、**動詞**：代表「力道」，所以在達標的力道上，依方向性不同有 3 種描述：

- 往上的力道，稱作「提升」。
- 往下的力道，稱作「降低」。
- 平行的力道，稱作「維持」。

二、**名詞**：代表「指標」，也代表所要達成的項目，可能包括：

- 營業額
- 市場規模
- 錯誤率
- 參展數量……等

而「動詞」+「名詞」加起來其實就是句子。就以上的例子為例，它就可以寫成以下句子：

- 「提升」「營業額」
- 「降低」「錯誤率」
- 「維持」「市場規模」

接著，必須加上第 3 個元素：**時間**。

在時間的寫法上，請留意各個時間單位。時間單位由大而小，分別為：年、季、月、週、日、時、分、秒。時間單位越小，壓力越大。因此要減少目標給的壓力，有時我們會把時間單位拉大。時間一拉長，時間單位一拉大，壓力自然就可以減小。

當我們把表達目標的元素全部集合起來時，根據你所要達成的目標，就可以開始展現基本的具體目標寫法，例如：

以上例子也許你注意到了，多了 5 個字：「**較去年同期**」。

在目標表達上，為了要符合 SMART 原則所要求「可達成的」，因此這 5 個字的說明，提供一個「基準點」，讓人可以理解是基於什麼標準設的成長（10%）。「基準點：較去年同期」也讓參與目標設定的人可以自我檢驗，這樣的目標是否具有挑戰性，但是又有機會達成？就如同杜拉克所形容的：「如果目標要有激勵效果，就必須讓團隊在達標過程裡，努力抬起腳跟，使勁伸出手臂，奮力一躍採摘到的果實才最甜美。」而基準點的參考，就是為了起到這個作用。

接著，我把第一個目標改成以下寫法：

從 2020 年 1 月 1 日到 1 月 31 日，提升營業額較去年同期 400 萬元，成長 10%，達到 440 萬元。

這個句子，相對於第一個目標的寫法，你有什麼感覺？

你應該會覺得「更具體」！為什麼？因為第 2 種目標寫法最直白的意義就是：今年要比去年同期多做 40 萬元，因為必須多創造這些「總量」，你就會開始思考該如何具體的規畫，才能比去年多增加 40 萬元業績。

順著這個思路，我再把第 2 個目標改成以下寫法：

從 2020 年 1 月 1 日到 1 月 31 日，提升營業額較去年同期 400 萬元，成長 10%，達到 440 萬元。每人每週業績目標 22 萬元，每日業績須達 4.4 萬元（以每店共 5 人，每週上班 5 天計）

分配

第 3 種目標層次寫法，具體呈現了「往下的層層分配」，分配到每週、每個人的小目標。就第 3 種寫法來說，我們都同意，對現場執行人員來說，不但具象而且清晰。因為目標如此「明確」，而且絕對可以「衡量」，同時又讓接收目標的人理解到，數字雖然很有挑戰，但應該「可達成」。這個達標又是業務人員工作的「相關」，因此每個目標的相關人，都會知道在這個「時間段」，要如何集中有限資源，尋找客源，進而達標！

這時讀者應該可以理解為何 OGSM 要將 Goal 稱為「具體目標」了。因為目標的寫法，甚至可以層層拆解到第 3 層，每一層都可以分配給負責該工作項目的工作者，這樣執行力才能貫穿，才能見到成果。

在結束這個段落之前，讀者應該已經注意到，本書在 Goal（具體目標）的明確、可衡量部分著墨頗多。**更重要的理由是，Goal 是 OGSM 承上啟下的關鍵元素，因此將 Goal 說得越清楚，執行力將會越強。**

學會讓「目標」天使墜落人間

許多高階主管在撰寫 Goal（具體目標）時，常常滿腦子只想到生意。他們寫出：希望能有多少營業額，希望能夠開多少店……。這是我們最常見的 Goal 的寫法。這樣的想法並非錯誤，而是到底要怎麼「做」，如何「具體去做」非常關鍵。另外一個極端例子就是，有些主管的心中「很有感覺」而且「充滿理想」，但是和能夠執行的層面比起來，實際上兩者差距頗大。

舉一個讓我印象深刻的例子，有次我在教授 OGSM 課程時，有個學員是經營文化中心的企畫單位主管，他在 Goal 那欄寫著：「文化傳承」。

我問：「為什麼把具體目標設為文化傳承呢？」

眼前這位經理人很堅定地回答：「老師，我們在做文化中心生意的，如果文化不傳承，我們就沒生意了。」

「所以，有文化傳承，你們就會有生意了？」我問，他點頭。

「那，沒有文化傳承，你們就沒有生意了？」我問，他再點頭。

「那，文化傳承要怎麼數字化？」我問。

「老師，所以這要問你呀，有些東西沒辦法數量化。你看，文化這種憑感覺的東西怎麼量化啊？我找不出數字呀！」這位年約 50 歲的經理人說。

「我請問你，你的目標是生意要能做起來，還是文化要能夠傳承？選一個！」我問。

「當然是生意要能做起來」這位經理人立馬回答，毫不猶豫。

「很好，那你希望做多少生意？」我試著引導他。

「至少要比去年營業額多成長 20%。」他倒是答得很清楚。

「為了要多成長 20%，文化中心的訪客預計要增加多少人呢？」答案呼之欲出。

「這個嘛……」他努力盤算，「人數大概也要比去年多 25% 左右，因為文化中心的平均客單價低。」這位經理人真的不錯。

「你覺得要怎麼做，才可以幫助文化中心增加 25% 來客數？」我問。

「多創造主題式活動，鼓勵家庭小孩遊玩囉。」他一邊說著，一邊似乎想到什麼了。倏地，他音調提高，「老師，我知道了，我應該要把目標設在創造文化中心主題活動數以及來客數。對吧？！」

好聰明！！

Goal 和 Objective 的關係

在 OGSM 當中，**Goal（具體目標）必須跟著 Objective（最終目的）一起連動**。否則各寫各的，那麼 OGSM 就沒有貫穿力，勢必也會失去存在的意義。

因此，接下來最關鍵的是，你該如何從最上層的 Objective（最終目的），往下寫到 Goal（具體目標）？

以下就用第 2 章 Objective（最終目的）案例說明：如何從 O 寫到 G ？

> （太陽眼鏡鏡片供應商）
> XX公司要提供<u>全球前10大太陽眼鏡品牌客戶</u>，<u>高緊密度</u>的<u>完整</u>服務，成為客戶指定合作的<u>專業</u>鏡片供應商。

在此，挑出 4 個關鍵字（底線文字），然後針對該 4 個關鍵字，各別設定「具體目標」。

表 3-2：示範 Goal（具體目標）和 Objective（最終目的）的關係

關鍵字	具體目標
全球前 10 大太陽眼鏡品牌客戶	Goal 1 2020 年 1 月 1 日到 1 月 31 日，以總營業額為標準，篩選出全球前 10 大太陽眼鏡品牌客戶。
高緊密度服務	Goal 2 2020 年 2 月 1 日到 4 月 30 日進行客戶訪談，建立全球前 10 大太陽眼鏡品牌客戶對快速、客製的敏捷配合度廠商的需求清單。

關鍵字	具體目標
完整的產品和服務方案	Goal 3-1 2020 年 5 月 1 日到 8 月 31 日，提出全球前 10 大太陽眼鏡品牌客戶完整產品和服務方案企畫書。 Goal 3-2 2020 年 9 月 1 日到 12 月 31 日，對前 10 大太陽眼鏡廠商進行業務拜訪及說明。
專業訂製	Goal 4 2020 年 8 月 31 日前，提出與同業太陽眼鏡鏡片競爭者差異化的專業訂製鏡片及設計師款項鏡架製作服務。

從上面表格你可以發現，**Goal（具體目標）**的任務就是將 Objective（最終目的）關鍵字挑出來，然後以「動詞＋名詞＋時間」的公式，將文字描述的 **Objective**，轉換成可以執行的 **Goal**。

在學習撰寫（Goal 具體目標）時，大概有 8 成學員會急著寫出營業目標，例如：2020 年達成新台幣 10 億元業績。

因此 OGSM 表格內容，如下：

表 3-3：Goal（具體目標）範例

Objective：XX 公司要提供全球前 10 大太陽眼鏡品牌客戶，高緊密度的完整服務，成為客戶指定合作的專業鏡片供應商。	
Goal 1	在 2020 年達成新台幣 10 億元業績。

你會赫然發現上述這個表格，**Goal 和 Objective 沒有直接關聯性**。也就是 Objective 可以自己存在，Goal 似乎也可以自己存在。如果你沒有從 Objective 的關鍵字依邏輯順下來撰寫 Goal，你很容易發現，Objective 和 Goal 是「斷頭」的情況。

但如果我告訴你，這個 10 億元目標不要寫進 OGSM，你應該也會跳腳。你會急著對我說，「這個目標是最重要的，我學了一堆 OGSM 就是為了做到這個數字呀，結果卻不用寫？！」莫急、莫慌、莫害怕，OGSM 在表 3-2 Goal 1 ～ Goal 4 上，只要依照計畫徹底執行完成，自然就可以達到 10 億元的理想數字。也因此，在設定 Goal 時必須全員上下一起討論。在執行過程中，如果發覺無法支撐最終業績 10 億元，即可隨時討論、調整、替換。

但不論如何，目標一開始就必須思考周延，設定周全。

也許你會問，到底幾個 Goal（具體目標）會比較好？**我的經驗是 3 個最漂亮，超過 5 個就嫌多了**。為什麼？請牢記，**使用 OGSM 是希望公司全員上下，共同做「最重要的事」**，既然是「最重要的事」，數量就不可以

過多。若是數量過多目標就會變得模糊，自然就難以集氣，距離目標就更遙遠啦。

另外一個問題是，需要為每個關鍵字都設定目標嗎？倒也未必，你可以根據想要達成的重點自行決定。原則就是「越少越好」！

你來試試看，同樣都是第 2 章曾經出現過的「最終目的」文字描述，請問你會如何寫出這些關鍵字的「具體目標」？

表 3-4：Goal（具體目標）練習

最終目的 **O**bjective： 透過線上、線下的通路網，滿足顧客不受時間限制的購物逛物需求，並成為呵護顧客足部健康的專家。讓每位顧客足下有風采，美麗且健康。	
具體目標 **G**oal 1（線上、線下的通路網）	時間段： ＋線上＆線下通路網：
Goal2（呵護足部的專家）	時間段： ＋成為足部保養專家：
Goal3（足下有風采）	時間段： ＋提供顧客健康又快樂的鞋款選擇：

在此提醒：以第一個目標來講：在寫具體目標時就必須明確定義，所謂的「線上通路網」是什麼？是希望顧客線上購買然後送貨到宅？還是本來就有實體店面了，因此你希望線上、線下一起連動？如果你是最高階主管，這時就必須發揮引導功能，和一級主管一起討論並做出決策，如此自然能夠發揮「決策參與」的領導功能。

以下是建議的答案，在參考之前，希望你也試著自己動手寫寫看。

表 3-5：Goal（具體目標）練習答案

最終目的 **O**bjective： 透過線上、線下的通路網，滿足顧客不受時間限制的購物逛物需求，並成為呵護顧客足部健康的專家。讓每位顧客足下有風采，美麗且健康。	
具體目標 **G**oal 1：	（建置線上通路網）2020 年 1 月 1 日至 6 月 30 日，建置完成線上購物網。
Goal 2：	（呵護足部的專家）2020 年 4 月 1 日到 6 月 30 日，建立足部健康諮詢專門店。
Goal 3：	（足下有風采）2020 年 10 月 1 日推出 10 款設計師健康鞋款。

以上是「建議」的答案，重點在於你能夠運用具體目標的撰寫方式，將關鍵字落實。

試著練習一遍之後，最後要補充說明，你應該已經發現，Goal（具體目標）必須「具體」，**需要經理人擁有該產業的「專業知識及經驗」**。經過不斷練習 OGSM 之後，慢慢地你會發現，具備產業的專業知識會支撐你寫出有績效，而且可實踐的做法。如果你是這個產業的專家，我認為只要多練習，把 Objective（最終目的）關鍵字具體化，問題就不大了，你唯一要擔心的是，有限的資源（資金、人力、設備）是否能在時間內到位，讓目標真的「可被執行」。

如果你是這個行業的生手或者新進經理人，建議你必須與有經驗的團隊互相合作討論。你會慢慢地發現，OGSM 以及 MBO 都座落在一個假設之上：**OGSM 必須建立在部屬有經驗、有專業的前提之上，經理人可倚賴部屬並與其合作**。如果部屬沒有經驗，缺乏專業，經理人就必須獨當一面，完成一頁企畫書，然後邊做邊修正，彼此邊做邊學習。如此一來 OGSM 也發揮了「人才培育」的積極作用，道理就在此。

換你試試看：寫出你的Goal 具體目標

還記得你曾在第 2 章寫出 Objective（最終目的）嗎？請把那段文字，抄寫在下表的最上方。然後圈出關鍵字，跟著關鍵字寫出具體目標。

最終目的 Objective：	
具體目標 Goal 1：	
具體目標 Goal 2：	
具體目標 Goal 3：	

無論你的具體目標寫得如何，只要每次問自己這個問題，讓它在心裡產生答案，然後不斷咀嚼，試著讓答案越來越深刻，越來越清晰就對了。這個問題就是：

我們到底想要完成什麼，
我們的具體目的地究竟在哪裡？

What do we **want** to achieve？

第 4 章

Strategy 策略

Strategy（策略）就是「進行一連串不同的活動，
創造出獨特價值的定位，並在此創造價值的過程中
提供指導方向」

——全球策略大師 麥可 · 波特（Michael Porter）

什麼是 Strategy 策略？

閱覽無數的書籍和報告，我自己還是偏好麥可 • 波特對於策略的觀點。他在 1996 年《哈佛商業評論》（*Harvard Business Review*）發表文章：〈什麼是策略〉（What is Strategy）？[1]」雖然出刊至今已經超過 20 年，仍是 MBA 學生入門策略領域時必讀的大師級文章。這篇文章中，波特對策略有著如上一頁的定義，並透過大量案例積極討論：定位、效能、獨特活動三者的關係。

在我的輔導及教學經驗裡，只要問及「到底什麼是策略？」，高階經理人對於策略的想法，為數不少還停留在 4Ps。4Ps 是從行銷概念出發的思維，指的是產品（Product）、價格（Price）、促銷（Promotion）、地點（Place）這 4 個元素，我認為並不適用於 OGSM。倒是麥可 • 波特的「一般策略」所提到的差異化競爭策略、成本競爭策略、集中化競爭策略，這 3 種分類還是最有份量的。

波特討論策略時，要求企業家有意識地去思考：

- 什麼是你和別人不一樣的地方？（差異化）
- 同樣都是花錢，可是要如何做得比別人多而且還要更好？（突破成本疆界）
- 都是在同一個產業，如何讓每個部門都清楚彼此職責且無縫接軌、完美分工？（心力最適化[2]）

為何使用功能層級策略？

本書所提的 Strategy（策略）鎖定在「功能型策略」（Functional Strategy）的討論之上。這是因為「功能策略」是給各功能部門在各自專長領域，以其各自分工之下所需要的思維。所謂的功能指的是公司的各功能別部門，也就是行銷、業務、財務、IT、研發、法務、人資等單位。你會發現，這些單位恰好也是完成目標的執行單位。各單位的經理人績效表現，就是透過資源的選取、運用，完成所賦予的目標。因此功能型策略和公司層級策略（Corporate Strategy）及事業層級策略（Business Strategy）並不相同。

> ### 策略是文字描述
> 要特別說明的是，Strategy（策略）是文字描述，沒有數字。策略是對資源選取、使用的想法，既然是想法，只須提供說明，不須具體到提出數字、日期等資訊。

談到「策略」，市面上書籍千百種，大師無數位，除了眼花撩亂以外，專有名詞還一大堆，令人生畏。但是在使用 OGSM 時，策略僅擔任輔助角色，只要一個簡單概念即可應付。更好的消息是，經過多年的輔導和教學經驗，我們已經淬鍊出一個簡單「語法」，只要照著句子走，就可以完成策略思維和撰寫策略。

因為 OGSM 特別著重執行，因此把**「策略」視為「資源的選擇」**。這其中有兩個重要的關鍵字：資源、選擇。

策略中常用的3大資源：人、錢、時間

什麼是資源？資源就是在達標過程中被消耗、被使用到的，而最簡單的3大資源分類就是：人、錢、時間。

第一種資源：「人」

所謂的「人」，可能指內部的人，例如員工、部門。可能指外部的廠商，例如上游供應者、通路業者。也可能指外部的人，例如市場消費者、公家單位等。我們就可「透過」「某些人或單位」完成目標。

舉個簡單例子。我之前都是在通路產業從事美妝及精品工作，透過老顧客帶新朋友是很重要的業績來源，因此老顧客的滿意度、口碑、人脈，就成為成長的重要動力。動員老顧客推薦新朋友，以達成某一季或某一檔活動的目標，往往成為關鍵的促銷內容。

在這裡，「主顧客」就成為達標的「資源」。我們希望「透過主顧客推薦」，達到第 X 季業績成長（例如，較去年同期 400 萬元，成長 10%，達到 440 萬元的業績目標）。

第二種資源：「錢」

錢在公司內稱為資本，在單位中稱為預算，對個人而言稱為財產。你應該也贊成，只要「錢」越多，可動用的資源也就越多。

針對第二種資源：「錢」，我舉個簡單例子。

我之前從事行銷工作，新產品上市時所有的促銷活動都是我的工作範圍。罕見的是，某一年法國總部要求亞洲市場必須在 12 月緊急推出基因抗老商品，並在每個地區中具「地標」意義的場地舉辦記者會。台北 101 大樓毫無疑問是我們的首選。場地本身的租借不是太大問題，但尷尬的是，因為已到年底，預算早已消耗殆盡，該怎麼辦呢？我們向總公司追加部分預算，並且把下年度的費用往前挪一個會計年度，讓成本在帳面上可以攤提，最終，產品上市需要的 100 萬元行銷預算總算到位。

在此例中，「預算」就成為該年度重要的達標資源。意思是：「透過向總公司追加預算，以及協調財務會計帳面」，可以在 XX 年 12 月 10 日，完成新品上市記者會（預計 40 家媒體到場，產出 30 則文字報導，8 檔影像報導。媒體露出總價值可達 400 萬元）。

第三種資源：「時間」

在討論 Goal（具體目標）時，我已經陳述「時間」的特色和意義，在此就不再贅述。這裡聚焦時間資源的策略意義，也就是──使用了「誰」的時間？

時間是全世界最公平的資源，不論是誰，每天都固定擁有 86,400 秒。時間對每個人而言都是一個固定板塊，具有互斥性。也就是，時間一旦被使用，一定會排擠掉做另外一件事的時間。因此「偷時間」就變成很重要的事了。那如何透過「偷時間」來完成策略運用呢？舉個最簡單的例子──外包。

把工作交由公司外部其他廠商或單位，可以節省人力，也可以讓事情同步

進行，就是運用時間資源最好的例子。例如某家出版社必須在月底印行月刊，同時還得處理專刊，在時間有限的情況下就可考慮將工作外包。外包等於是把原本付給某些員工的薪水，支付給其他外圍單位，透過購買外圍單位的人力時間，符合出刊發行的目標。

為什麼策略和資源有關呢？因為波特在策略的定義裡，提了「活動」這個關鍵詞，但是往往被忽略或未被深究。**對波特而言，所謂的「策略」就是進行一連串的「活動」，而進行了活動，勢必消耗「資源」。**

因此，在 OGSM 的策略討論中，你只要記住一個簡單的觀念：「**策略**」=「**資源**」。

資源的取捨是關鍵

每當我在輔導或課程中提到策略時，明顯的，你會看到現場出現一種緊張的感覺。有管理學基礎的人，腦中浮現一堆大師和術語；沒有管理學基礎的人，瞬間感覺自己的渺小。我常用個比喻來說明「什麼是策略」，好讓「策略」更具親和性，更大眾化。

假設你今天要去車站，請問有哪些方法可以抵達車站？

你可能回答：「自己開車、走路、跑步、騎腳踏車、坐計程車、請家人載、坐公車……」等 7 種方法。

如果我希望你想一個：「不用花錢的方法」，你會給我哪些答案？

答案可能就剩下「走路、跑步、請家人載」3 個方法。

或者，我希望你想一個「最舒服的方法」，你會給我哪些答案？

答案可能剩下「搭乘（高級）計程車、請家人載」2 個方法。

思考一下，你的答案是如何產出的？你之所以能篩選需要的交通工具，憑藉的就是我的「指令」。

指令讓你選擇不同工具，**指令，因此變成一種「篩選」**，讓你在一片茫茫大海中的可能性，提供了選擇。因此，「不用花錢」、「最舒服」這兩種描述，就成為策略。

策略可以協助你思考，篩選出所需的資源（例如：自己開車需要花費油錢，自己走路需要花費時間……等），妥善運用資源，就代表必須正確選擇策略。例如：你想要以最舒服的方法抵達車站，因此你找到一台很高級的計程車，感覺舒適並且在時間內抵達車站，因此你就可宣稱：策略有效。下次如果再有這個需求，就會再選擇同樣的策略資源：叫到一台高級計程車，讓自己舒服地抵達目的地。

既然策略等於資源，那麼選擇哪一種資源就成了關鍵。資源有限。如果前面說的不成立，那就沒有討論 OGSM 的必要了，就因為「人、錢、時間」有限，選擇資源就成為市場得勝的關鍵。

請牢記，「選擇資源」重要的意義在於「不要做哪些選擇」，你選了 A 就不能同時選 B、C、D。因此請確定你擁有專業、經驗、團隊，經過深思熟慮之後，你和團隊最終會選擇某一項重要資源，而「透過」那個選定

的資源，將更有效能地達標。

請永遠牢記，策略隱含一個最重要的涵義：你必須「取捨」，選擇之後就集中資源和心力，務必徹底使用資源，發揮到最大效果。這個思維在波特的策略定位中是核心概念。**波特一直提醒企業家和經理人：所謂策略就是透過定位、透過取捨，有效地使用資源，讓公司內每個人、每個單位，成為同一系統內的高度運作環節，成就公司的競爭優勢。**

美國西南航空（Southwest Airlines）避開國內的重要大機場，也不飛遠程航線，主顧客群訴求來往頻繁的商務客、學生族群、家庭，透過頻繁的班次，15分鐘內快速的起降，平價機票讓顧客捨棄巴士，策略就是選擇和其他競爭者不同的獨特價值活動。波特也曾提及美國卡麥克戲院（Carmike Cinemas）的地方小劇院做為「策略差異化」的說明案例。卡麥克戲院選擇在人口不到20萬的小鎮設立，憑藉標準化、簡單設備、服務當地居民的經營概念，在所處的產業成為佼佼者。

你可以很清楚發現，在OGSM中「清楚定義疆界，設定具體目標，選定資源」是重要的精神。OGSM告訴每個使用者：在設定的範圍內，根據設定的終點站，討論出所需要的資源，然後善用資源，在期限內達標。

如何寫Strategy策略？

策略要怎麼寫？這對很多人是個大哉問。為了讓經理人妥善地使用策略，以下提供撰寫策略的起手式語句。

透過～

以「透過～」兩字當起手式，然後把後面的句子完成。

後面接的句子就是你打算使用的資源。這個策略語法需要思考的是，什麼樣的資源可以讓你達成目標？

例1：「透過～主顧客的推薦」

例子 1 的策略寫法：「**透過主顧客的推薦**（目標：可以達到第 X 季業績成長，而較去年同期 400 萬元，成長 10%，達到 440 萬元的業績目標。）」

在這段策略描述中，「主顧客」就是你為了達到 440 萬元業績，打算動員、使用的資源。「主顧客」就是你的「選擇」，這也意味著，你放棄招募新客戶、放棄潛在客戶，而期望這個所選定的條件會讓你完成目標。

例2：「透過～向總公司追加預算」

例子 2 的策略寫法：「**透過向總公司追加預算，以及協調財務會計帳面數字**（目標：在 XX 年 12 月 10 日前，完成新品上市記者會，計畫有 40 家

媒體到場，30 則文字報導，8 檔影像報導。總媒體露出價值可達 400 萬元。）」

在這段描述中，預算的增加，「錢」是向總公司要來的，因此「向總公司開口」成為策略的選擇之一，表示必須有某單位某人特別撰寫或提出專案，向總公司爭取這項資源，以達成目標。

再度提醒，你必須要思考，達成目標的資源很多，預算追加來源也很多樣，但為什麼是向總公司爭取？為什麼選這個方式？這是根據你的專業、知識、經驗，或者依著團隊討論而選擇出來的。還記得嗎？選了某個資源，就代表你「放棄」其他資源，一旦選擇了，就必須確定資源會被善加使用，以達成設定目標。

閱讀到這裡，讀者應該會發現：**資源決定了策略的彈性。**

當資源越多，可選擇的策略就越多。這是很顯而易見的，就如同一位含著金湯匙出生的孩子，在有錢、有人脈的資源襯托之下，人生選擇的機會勢必就會越多。選擇變多，也意味自由性變大，彈性當然也就越大了。

Goal、Objective、Strategy 三者的關係

OGSM 擅長貫穿，層層連貫。接下來，我將示範該如何從 Objective（最終目的）寫到 Goal（具體目標），然後往下展開到 Strategy（策略）。

以第 3 章曾經出現的「太陽眼鏡供應商案例」為例。

表 4-1：Strategy（策略）示範

（太陽眼鏡鏡片供應商） Objective 最終目的：XX 公司提供全球前 10 大太陽眼鏡品牌客戶，高緊密度的完整服務，成為客戶指定合作的專業鏡片供應商。	
Goal 具體目標： 2020 年 1 月 1 日到 1 月 31 日，以總營業額為標準，篩選出全球前 10 大太陽眼鏡品牌客戶名單、聯絡方式。	**S**trategy 策略：

- 先找出「最終目的」文字描述中的關鍵字：全球前 10 大太陽眼鏡品牌。
- 接著，「具體目標」中提出：以總營業額為篩選標準。（哪裡可以找到全球各太陽眼鏡品牌的營業額數字？你得透過一些管道才能取得。你需要找太陽眼鏡的產業報告、太陽眼鏡的消費趨勢報告，然後，你發現「貿協全球資訊網」裡面有你需要的資訊。）

想法再往下推演。

到「貿協全球資訊網」找到前 10 大品牌之後，下一個任務就是，要怎麼找到關鍵人物名單和聯絡方式？也許「透過」公司股東或董事、外部公會或其他人脈。在確定選擇哪種資源之前，你一定會先檢視，公司內部是不是已經有現成聯絡資料。如果有，顯然透過自己公司內部就可完成目標，

但如果沒有，就得請人幫忙。找誰幫忙呢？誰可以幫你找到這前 10 大廠商的聯絡人？他必須有份量，並在業界有資歷。經過和主管討論後，你最後決定，「透過」公會的引介，應該可以找到全球前 10 大太陽眼鏡品牌的客戶名單和聯絡方式。

最後，加上「策略」語法，就可完成表格：

表 4-2：Strategy（策略）示範答案 1

（太陽眼鏡鏡片供應商） Objective 最終目的：XX 公司要提供全球前 10 大太陽眼鏡品牌客戶，高緊密度的完整服務，成為客戶指定合作的專業鏡片供應商。	
Goal 具體目標 2020 年 1 月 1 日到 1 月 31 日，以總營業額為標準，篩選出全球前 10 大太陽眼鏡品牌客戶名單、聯絡方式。	Strategy 策略 1-1 透過貿協全球資訊網鎖定全球前 10 大太陽眼鏡品牌。 Strategy 策略 1-2 透過光學眼鏡公會建立前 10 大太陽眼鏡品牌關鍵聯絡人與聯絡方式。

表格中，圈選出 Objective（最終目的）的關鍵字，以 SMART 原則引導出下一層 Goal（具體目標），透過選定的資源，撰寫需要使用的 Strategy（策略）。

如此，一層一層往下遞延，下一層承接上一層的邏輯和思維，才能確保大家都往同一個方向各自努力。

撰寫策略的企業案例

從此一章節開始，我慢慢地導入曾經輔導的業界 OGSM 案例，讓各位讀者透過解析，從片面到漸漸地全面了解 OGSM 整體思維。以下案例經過挑選，縱然還未堪稱完美，但是已禁得起討論。這些是已經在努力學習 OGSM 的台灣企業，而在此謝謝這些夥伴的分享，讓我們得以從這些歷史痕跡中學習一二。

企業案例 1：水產進口廠商

- 背景說明：此為進口高級水產及魚類廠商，其中日本進口鰻魚是其最重要經濟價值的水產品。此一企業雖擅長尋找高級且新鮮的漁獲，卻未能專精於經營品牌，只能銷往數量有限的日本料理店家。通路限制了上游的品牌數量，並限制了價格。
- 經營想法：撰寫者為總經理，他想要在網路上透過非實體店面，直接與消費者溝通。

因此，OGSM 的部分內容如下：

表 4-3：Strategy（策略）案例 2

Objective 最終目的：成為台灣前 3 大水產品牌之一	
Goal 具體目標： 2019 年 12 月 31 日網路聲量前 3 名	Strategy 策略 1：透過與網紅結合，進行網路行銷

- 評語：

    1. 只使用網紅資源來支撐「在該年網路聲量前 3 名」，似乎略顯單薄。可以思考除了網紅以外的網路行銷方式，同時也必須提供具有話題性或亮點的內容供網友討論。不能僅靠網紅推薦，品牌自身也必須準備素材。

    2. 在策略語句描述上，建議改成右邊欄位更為完備：

透過與網紅結合，進行網路行銷		透過公關部門設計話題，與網紅合作，進行網路行銷

策略資源從「網紅」更深入移動到「公關部門設計話題」。因為公關部門設計具有亮點的話題，並且清楚知道哪些網紅適合這些主題，才能讓網路操作成功，進而產生網路討論聲量，幫助品牌躋身前 3 大品牌。

策略代表資源，資源鎖定越明確，就能讓人員更容易專注思考該如何運用資源，因此更幫助產出下一個步驟「衡量指標」。如此，才能讓 OGSM 的表格前後貫穿性更強，進而達成預定目標。

企業案例 2：中小學補教業者

- 背景說明：在高屏地區經營中小學的某補教業者，班主任認為實體補習班的硬體擴充成本過高，且速度太慢。但同時也預見少子化將帶來衝擊。他發現若不斷擴充實體補習班，未來勢必會遇到固定成本無法回收的窘境。另外，學生到補習班的完課率逐年降低，導致補習效果不佳，成績未能突出，下一學期的續約率正在快速下降，也是個急欲解決的問題。
- 經營想法：撰寫者為企業創辦人，他想要透過網路，讓學生在補習班下課之後，還能透過網路不斷複習。希望網路上的遊戲化互動，有效增加學生學習的興趣。

OGSM 的部分內容如下：

表 4-4：Strategy（策略）中小學補教業者案例

Objective 最終目的：讓線上學習的學生真正學到東西	
Goal 具體目標： 2019 年 12 月 31 日前，學生的完課率從 30%，提高到 80%。	**Strategy** 策略 1：透過線上學習助教
	Strategy 策略 2：透過線上學習遊戲化系統

- 評語：
  1. 兩種網路資源的使用：「線上學習」以及「學習遊戲化」，主要功能是在補強實體補習班的教學，讓學生可以不限時間、地點學習。線上學習也互補了課本生硬的教材。只是以上兩種資源和「到補習班上課：完課率」的連結並不強。倒是比較偏向「提高學生學習興趣」。就這個推理得出「S和G沒有對準」的結論。
  2. 在策略語句描述上，建議改成以下的右邊欄位：

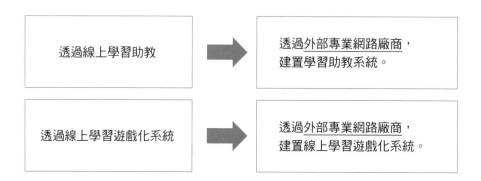

在右邊的欄位，將策略資源鎖定得更精準：「外部專業網路廠商」透過外部廠商的專業協助，這個專做中小學補教的企業主才得建置所需要的教學系統，推行到讓學生使用，提高學習興趣，連帶提高完課率。

企業案例 3：自動化機械零件生產廠商

- 背景說明：這是專職生產自動化機械設備零組件的企業。其中機械手臂的關鍵零組件需要水轉和壓鑄製程，雖然耗時卻是該企業核心競爭優勢。但是隨著產業快速變動，無法有效預測市場需求，因

此，傳統的生產方式有著無法快速因應產能速度外，還需要克服良率過低的問題。

- 經營想法：撰寫者為廠長，他認為自動化流程能解決上述問題，同時引進自動化必須由研發課、品保課、廠端一起合作，才能提供準確數字，確保規格一致，維持品質，提高良率。

OGSM 部分內容如下：

表 4-5：Strategy（策略）自動化機械零件生產廠商案例

Objective 最終目的：成為客戶信任且符合客戶產能需求的供應商。	
Goal 具體目標： 2019 年整年度較 2018 年生產產能提升 20%。	Strategy 策略：組裝產線帶入自動化機械設備

- 評語：

  1. 這個邏輯的前提是：凡是經過自動化處理的步驟，因為生產動作一致，步驟一致，因此可加快自動化製程速度，提升產能，應付客戶臨時或緊急需求，成為受到客戶信任的供應商。S 和 G 對得很準，邏輯緊密銜接。

2.在策略語句的描述建議改成下方右邊欄位，將更完備：

組裝產線帶入自動化
機械設備

透過研發課與廠端資深人員專
案合作，定義出產線自動化區
塊，完成產線自動化

右欄的描述，深入移動到研發和廠端人員，而非是「自動化」設備，顯示資源的鎖定範圍更小，明確指出透過研發課和工廠資深人員，由這兩單位設立自動化機械專案小組，而可完成產線自動化。產線自動化，可以預期產能提升，更能符合客戶對產能的需求。

我要再度強調，精準設定策略資源，將能更加協助後續衡量指標及展開計畫。因為資源的範圍更明確，讓人員更容易專注在策略的運用，達到預期的目標。

換你試試看：寫出你的 Strategy 策略

還記得你在第 2 章及第 3 章曾經寫出的 Objective（最終目的）及 Goal（具體目標）嗎？請再度把 Objective（最終目的）謄寫到最上方欄位。接著選一個 Goal（具體目標）寫在表格裡。

這次，請圈出「具體目標」的關鍵字，然後開展出實踐該目標的 Strategy（策略）。建議策略控制在 3 個以內，以免過度發散。

最終目的 Objective：	
具體目標 Goal 1：	Strategy 策略 1-1
	Strategy 策略 1-2
	Strategy 策略 1-3

不論你如何撰寫 Strategy（策略），請都以「透過～」做發語詞，然後，對準目標的關鍵字開始發展。多看、多寫，需要的時候和其他人一起討論。你會發現，你什麼都想寫，好像什麼都很重要，你必須要感受及經歷這個困難的過程：**決定不做哪些事情。**

當你徬徨時，請你不斷在心中問自己這個問題：

是否清楚地描述策略，
足夠讓大家對資源做出取捨？

Does the strategy provides specific explanations and
expectations of specific choices？

第5章

Measure檢核：
Dashboard衡量指標
& Plans行動計畫

Measure（檢核）很像執行 OGSM 的「麵包屑」，只要跟著「麵包屑」走，就不會偏離方向，也不會落後進度。

Measure 也內含了兩個元素：Dashboard（衡量指標）和 Plans（行動計畫）分別用數字、百分比、時間段、單位、負責人等客觀描述，尤其是 Dashboard（衡量指標）必須符合 SMART 原則。

如果你是主管，可以使用這些方法進行「工作監督」。

5-1 | 什麼是 Measure 檢核？

在 OGSM 表格中，Measure（檢核）透過數字、日期、規格等客觀 Dashboard（衡量指標），並展開 Plans（行動計畫）來確認所選定的策略資源被正確、徹底地運用，以期達到設定目標或結果。

Measure（檢核）對準 Strategy（策略）發展而來。它針對所選定的策略，思考各種衡量及執行的方法，**檢核選定的資源能夠被使用徹底**，以發揮策略該有的功能。因此，Measure（檢核）的正確性，決定了 Strategy（策略）的正確性。

例如，你想在一年之內減重 10 公斤，而你選擇「慢跑」當做策略。因此就必須針對「慢跑」來檢核你是否真的徹底「慢跑」，讓「慢跑」這個策略真的發揮減重功能。

你的檢核需要用上衡量的指標，因此，**衡量的指標**可以是：「每週慢跑150 分鐘，每月跑量 70 公里」。接著，你**擬定計畫具體行動**，每週一、三、五固定慢跑 50 分鐘，並讓自己維持至少 6 公里的跑量。如果真的做到上述兩個衡量指標，而體重也的確下降到預期標準，那麼就可以下結論：「每週慢跑 150 分鐘、每月跑量 70 公里」這兩項指標的執行，讓慢跑的減肥策略奏效。

因此在 OGSM 當中 Measure（檢核）扮演的角色，就如同在達標的路上，設立小小的檢查站。以上述慢跑減肥的例子來說，你會知道自我督促執行每週跑步時間達 150 分鐘，而且留意每月跑量必須達到 70 公里。如果

沒有在進度內完成，就必須在下週或下個月，重新分配時間，把進度給追上。因此，我們常戲稱，**Measure（檢核）很像執行 OGSM 的「麵包屑」，只要跟著「麵包屑」走，就不會偏離方向，也不會落後進度。**

與 Strategy（策略）不同的是，Measure（檢核）內含兩個元素：Dashboard（衡量指標）和 Plans（行動計畫）分別用數字、百分比、時間段、單位／負責人等客觀描述較多，尤其是 Dashboard（衡量指標）也必須符合 SMART 原則。畢竟可衡量才知道是否可達標。

上面描述的重要意義是，**如果你是主管，可以使用這些方法進行「工作監督」。**因此在《OKR：做最重要的事》一書中，KR（關鍵結果）就是 OGSM 中的 Measure（檢核），檢核什麼呢？檢核有沒有完整執行策略，產生我們要的結果。

由於 Measure（檢核）包含：Dashboard（衡量指標）及 Plans（行動計畫），以下分別針對這 2 個元素，進行說明。

Dashboard 衡量指標的成功關鍵

一、以專業與經驗為底，務求具體明確

Dashboard（衡量指標）需要執行單位或執行人員一起加入討論。

許多 CEO 或總經理層級主管，在面對這個單元時，由於層級的緣故，撰寫的指標過於模糊，各自表述的空間過大，導致執行錯誤的機會也變大。在此建議，OGSM 選擇指標時，必須在相關單位主管協助之下，鼓勵第

一線執行人員提出指標項目、數值，如此才能具體明確到，越接近執行層面越好。

二、由下而上參與決策

第一線員工提出自己的想法並和主管進行討論，在這過程中，員工很自然地覺得這件事「和自己有關」，這將提高員工認同感，產生共有感（Ownership，和公司、主管共同擁有這件任務的心理感受）更容易讓員工投入，提高員工對完成這件事的承諾。

三、員工提出挑戰性的目標和做法

第一線員工因為被激勵、被尊重，更願意在有限時間和資源，提出具有「挑戰性」的目標和做法。原本一件事需要花 3 個工作天完成，但員工願意去思考將工作天數提早在 2 天完成的可能。原本 3 天只能做一件事，但是員工願意自我挑戰在 3 天內完成兩件事。OGSM 表格中，我們都期望，這是由員工主動提出的，而非主管以權威決定。

在我之前服務的公司，我的主管非常擅長「激發」我的潛能，讓我自己說出具有「挑戰性」的目標，以下舉某次內部會議對話為例子。

「Annie，我收到你的企畫書了，條理十分清楚，謝謝你，你應該花了很多時間準備。」主管一開始就給我肯定，反而讓我有點不自在，也覺得怪怪的。

「明年的新品上市，我們有機會在預算 80 萬元之內完成嗎？而不是你提的 120 萬元？」總經理果然直搗重點。

「總經理，這是明年的重點方案，我已經盡我所能把預算壓低了，但有些地方真的不能省。」我急著解釋。

「我了解，如果我是你，我也會給自己壓力，並且希望事情做到最好。」總經理微笑地說：「你的為人處事一直都很有口碑，朋友也很多，我認為你比別人有機會把場地費從 50 萬元降到 10 萬元左右。你用產品交換當籌碼，有機會嗎？」總經理微笑地看著我。

「最多從 50 萬元降到 30 萬元，若是再低我也沒把握了。」我也緊抓著底線不放。

「那麼，其他 20 萬元花費你就從別的地方幫我降下來。你先不要拒絕我，你回去想想看哪裡還有空間。」總經理的話，軟中帶硬：「下星期一早上我們來談這事情。」

結果我費盡九牛二虎之力讓場地費少了 20 萬元，也用年約的方式把媒體公關版面一併用上。最後預算花費了 76 萬 9 千元。

我事後回想，除了佩服我自己，更佩服總經理。他總是知道如何激發員工潛能，然後把我榨乾淨。

以上的對話，你也可以發現，透過「創意和創新」，有效率的使用手上有限資源，就成為不可或缺的元素。這也督促主管和員工必須突破習慣性思維，思考哪些新的方法可以更快、更好？哪些方法可以突破時間極限？

你可能已經察覺到，OGSM 非常適合用在新創團隊、挑戰型專案以及變動的產業環境中。

如何撰寫Dashboard衡量指標？

一、對準策略，找出關鍵字

到底要選哪些指標？首先，你必須從策略裡選出「關鍵字」。

拆解 Strategy（策略）的描述，把關鍵字找出來，「對準」關鍵字，然後根據你的專業、目標、參考經驗而定。

例如，你的 Strategy（策略）是「透過主顧客推薦，提升營業額」。關鍵字是「主顧客」、「推薦」，那麼你就必須對準關鍵字，以此設定指標，確保徹底運用「主顧客」資源。這時你需要考量所處的產業，以確定找到正確的指標。

舉例而言，如果你是消費民生用品的「零售商」，對準關鍵字：「主顧客」之後，你的 Dashboard（衡量指標）可寫成：

- 在 2020 年 7 月 31 日前，年訪店次數超過 20 次為標準，選定 50 位主顧客。

如果對準「推薦」，你的 Dashboard（衡量指標）可寫成：

- 在 2020 年 12 月 31 日前，每位選定的主顧客推薦至少 5 位新客戶

透過 **主顧客** **推薦**

在 2020 年 12 月 31 日前，每位選定的主顧客推薦至少 5 位新客戶。

在 2020 年 7 月 31 日前，年訪店次數超過 20 次為標準，選定 50 位主顧客。

為什麼選擇「年訪店次數 20 次」、「推薦至少 5 位」為 2 個衡量指標？必須視你的知識和經驗而定。

就如同前述提過的減重例子，你想要透過慢跑減重，那你如何知道測量跑量？為什麼不是測量心跳數，不是測量步伐數？想當然爾，這是因為你擁有跑步的知識，你知道相較於心跳數和步伐數來說，「測量跑量」更具有指標性，也就是說「具有一定跑量的慢跑才能減重」。

同理可證，為什麼選擇「年訪店次數」來決定「主顧客」？為什麼不是「消費金額前 50 名？」，為什麼不是「購買總件數超過 100 件？」這是因為你擁有這個品牌和這個產業的知識，知道相較於業績量和購買總件數，「常常來這家店，一年超過 20 次的顧客，才是有意義的主顧客」，在這個例子來說，只有動員主顧客才能產生策略意義。

二、選定 1 個以上的指標

由於 Dashboard（衡量指標）決定了 Strategy（策略）的使用是否徹底，因此我建議，衡量指標可選擇 1 個以上，以免單薄。就好像開車，要論定一台車到底好不好，不能只是由每公里耗油量來決定。那麼要選擇幾個指標才夠呢？我建議最多 3 個指標，這樣應該足夠進行策略驗證，確定達標。

三、指標須符合 SMART 原則

撰寫指標和 Goal（具體目標）寫法雷同，都要符合 SMART 原則，但在此特別強調明確的（Specific） 必須接近「執行動作」。例如上述減重的例子，「跑量」、「訪店」、「推薦」已經清楚到不致造成認知上的太大差距，溝通上不會有誤解，也很明白接下去該如何展開行動計畫。

常見的Dashboard衡量指標錯誤

Dashboard（衡量指標）在我的工作和輔導經驗中，最常出錯。

原因來自於：沒有契合前一段的策略。簡單而言，Dashboard（衡量指標）和 Strategy（策略）沒有對準。Dashboard（衡量指標）的精神是發揮策略資源。你必須在寫 M-Dashboard 的時候，思考「如何使用這個資源」，而非這個資源「會有什麼效果」。

以下表格說明 S 和 M 出現了問題。

表 5-1：汽車電動鑰匙製造商的部分 OGSM 內容

Objective 最終目的：提供使用者智能產品，創造舒適生活。		
Goal 具體目標：2019 年 12 月 31 日前，完成 3 件新發明專利並導入商品。	**Strategy 策略：透過增加 RD 預算，投入資源，強化產品。**	**Measure 檢核：** **Dashboard 衡量指標 2019 年 3 月 31 日完成 3 件新型專利申請。**

上表的最大問題在於：

- 衡量指標直接寫出「結果」：完成 3 件專利申請。請牢記，指標的意思是指「你要**如何**增加 RD 預算」，「你要**如何**運用 RD 預算」，「你要**做到什麼**才能說已經強化產品」。直接寫出結果，導致執行過程沒有設立檢核的標準，思路太過跳躍，我們完全不清楚中間到底做了什麼？
- 設定的日期和數量，其合理性在哪裡？只要做到這個衡量指標，就能做到強化產品嗎？是否還有其他做法？因此也顯示了，這個衡量指標只有一個，太過單薄，勢必無法支撐策略的執行。

找到「關鍵字」能確保上下層彼此契合和對準，是往下層層發展的關鍵。以上述例子而言，Strategy（策略）的關鍵字有：增加 RD 預算、強化產品。你會發現我沒有把「投入資源」當做關鍵字，是因為預算（錢）本身

就是資源，「投入資源」這4個字等於重複寫了，自然可以略去。

我帶著讀者走一遍我的思路。

首先，我們來看策略中的**關鍵字1：「預算」**。

看到預算，直覺想到什麼？肯定是「多少」預算才能完成目標，對吧？

因此，你就可改寫成：

（例）2018年6月30日提撥新發明專利的專案預算1千萬元。

- 動詞：提撥
- 名詞：專案預算
- 時間：2018年6月30日（截止日）
- 總量：1千萬元
- 思考：2018年6月30日是否來得及隔年12月31日拿到3個專利？預算1千萬元是否足夠開發3個專利？

關鍵字2：「強化產品」。案主希望「拿到新專利」來強化產品。這個邏輯堪稱合理，畢竟獨特的專利技術的確可強化產品功能和價值。如果合理，那我們繼續往下看。

請你想想，這家公司之前是否有取得專利的經驗？如果有，拿下3個專利這個指標是否合理？如果沒有，是否這樣的指標就會不夠合理，可以往別的方向思考？

因此，你就可改寫成：

（例）2019 年 3 月 31 日前完成研發 3 項新型專利，並送出申請文件。

- 動詞：完成、送出
- 名詞：新型專利研發、申請文件
- 時間：2019 年 3 月 31 日（截止日）
- 總量：3 件
- 思考：2019 年 3 月 31 日研發 3 項新型專利，執行上是否合理？

兩個修正指標整合如下表：

表 5-2：汽車電動鑰匙製造商檢核調整

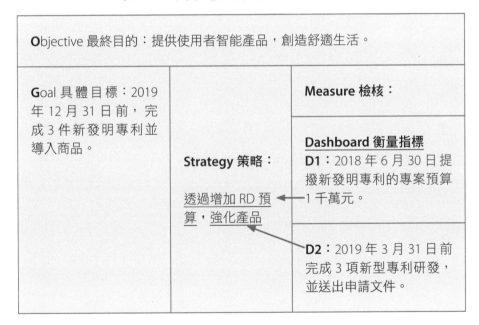

Objective 最終目的：提供使用者智能產品，創造舒適生活。		
Goal 具體目標：2019 年 12 月 31 日前，完成 3 件新發明專利並導入商品。	Strategy 策略： 透過增加 RD 預算，強化產品	Measure 檢核： Dashboard 衡量指標 D1：2018 年 6 月 30 日提撥新發明專利的專案預算 1 千萬元。 D2：2019 年 3 月 31 日前完成 3 項新型專利研發，並送出申請文件。

找到「關鍵字」就能將上一層思維，契合並展開到下一層。你可以根據經驗和專業，自己決定要找多少個「關鍵字」，沒有標準答案，必須自己判斷。本書第 6 章將提供檢查邏輯的方法，讓你在推廣 OGSM 過程中更臻正確且自信。

5-2 | 什麼是 Plans 行動計畫？

Plans（行動計畫）根據時間順序，依序羅列出待辦的工作內容，由負責人或單位整合資源，在專業基礎下透過作業流程在時間內完成計畫事項。

Plans（行動計畫）承接 Dashboard（衡量指標）發展而來，它的目的是要展開具體行動，達成衡量指標。Plans（行動計畫），是一連串行動與作為，用來具體實踐 OGSM。

OGSM 落地與否取決於這個單元，我分別以「內容」和「如何執行」，來說明 Plans（行動計畫）。

負責人或單位、時間順序、工作事項

Plans（行動計畫）最重要的 3 個內容元素是「負責人或單位」、「時間順序」、「工作事項」。

一、負責人或單位

Plans（行動計畫）必須指定負責的人或單位。

我的建議是，最好選定一位負責人，並且直接把職稱／名字寫在 OGSM 表格中。目的是這位負責人必須負責完成此計畫，並且在整個監督的過程中回報現況，溝通協調各單位，也預估是否需要修正指標。此種監督是執行力的具體表現，也能檢驗出員工的能力。員工會以 OGSM 做為最重要的事而全力以赴。在此之下，負責人必須參加每次 OGSM 的決策或討論，也可以藉此了解其他單位狀況，並隨時檢視是否需要加快或調整所負責的計畫。

在思考 Plans（行動計畫）時，就必須一併把相關單位納入考慮。同樣的，每個相關單位也都需要選定一位負責人。

以上述例子為例，如果需要申請專利，那麼行動計畫可能牽扯到「電子技術開發」、「法務部」、「財務部」，因此，就必須將以上 3 個單位寫入，也各別指定一位負責人。這 3 個單位 3 位負責人必須報告，相互溝通，彼此評估是否需要相互調配資源和調整進度。這一動作彰顯出 OGSM 一頁表格的重要精神──**所有人員可以彼此看到進度，並依此表格進行溝通協調。**

二、時間順序

Plans（行動計畫）必須把執行時間寫進去，但提醒你，每條計畫的日期設定是由截止日往前推，而不是依照時間順序順著往後寫而已，如此可

避免寫完一堆行動計畫之後，才發現根本無法在時間內完成。例如，想在 2018 年 6 月 30 日提供 1 千萬元的專案專款以便申請新專利，在研擬 Plans（行動計畫）時，就必須把 6 月 30 日寫在表格最末端，然後從最末端日期往前寫。如下表所示：

表 5-3：汽車電動鑰匙製造商的 P（行動計畫）

Objective 最終目的：提供使用者智能產品，創造舒適生活			
Goal 具體目標：2019 年 12 月 31 日前，完成 3 件新發明專利並導入商品。	**Strategy 策略：**透過增加 RD 預算，強化產品。	**Measure 檢核**	
		Dashboard 衡量指標	**Plans 行動計畫**
		D1：2018 年 6 月 30 日提撥新發明專利的專案預算 1 千萬元。	財務部 Annie 負責： 4/20，開發 3 項專利費用評估完畢 5/1，召開第一次年度預算會議 5/31，完成第二次年度預算會議 6/30，財務簽核 1 千萬元預算

三、工作事項

工作事項到底要寫得多詳細？要像清單一樣，一個一個羅列嗎？還是寫重要計畫就可以？我的建議是，依照人員的成熟程度、工作習慣以及專案的急迫或困難程度而定。

- **成熟度**：如果這個團隊或該負責人員夠成熟，我建議只要寫重要的工作計畫就可以。
- **工作習慣**：如果這個團隊習慣把該做的工作都羅列出來，覺得越清楚越好溝通；或者這個團隊主管偏好微型管理（Micro-Management），那麼，工作計畫交代得越清楚越好。
- **專案的急迫性或困難度**：指標的挑戰性越高，為了把容許的錯誤範圍降低，就必須把行動計畫列仔細。越仔細，越可以確定計畫跟著預定小目標進行。

要思考的是，工作事項訂得很細，代表每個行動被切割得很細，完成工作所需的時間就越短。為了確保徹底執行行動計畫，就必須提高開會頻率。例如，本來是一個月召開一次的月會，就可能變成雙週週會。開會時須報告進度，越仔細的工作事項，查核的頻率越密集，出錯率也就越低，而更能確保達標。

順著這個邏輯，你會發現 Plans（行動計畫）的擬定會影響到「如何執行」。

以下就進入到執行層面，也是很多經理人最急欲知道的——**要如何在日常工作中推動 OGSM？**

Plans 行動計畫要注意的3件事

第1件事：指定負責人／單位

該派誰負責研擬行動計畫？這牽扯到一個很大的管理議題：委任。選派員工來負責某工作事項，必須要考量員工的「能力」和「意願」。你的團隊（包括你自己）都是有能力，並且有意願完成計畫的人，但無奈的是，並非每個主管都擁有明星團隊、手上都有一副好牌。我的建議是，要根據專業、能力來進行委任，不要習慣把工作派給自己信任的人。雖然員工有才能，但是任憑老闆過度消耗，誰都受不了。OGSM 表格的運用，本身有「人才培育」的意涵，因此，建議以「工作能力」來成為負責人，如此，才能展現更積極的意義。

第2件事：用顏色進行進度管理

運用 OGSM 表格只需一頁紙，因此一目瞭然是非常重要的特色。顏色的運用，恰好可以完美符合此需求。

建議不要超過 3 種顏色，採用的顏色盡量對比大一點，這樣更可以馬上看到需要討論的重點。

- **黑色**：進度內，無須在開會中討論，口頭報告帶過即可。
- **黃色**：落後進度約 20% 以內，負責人可以勉強追上進度。
- **紅色**：落後進度約 20% 以上，負責人需要他人協助才有機會追上進度。

以上述的例子，可以使用顏色管理如下：

表 5-4：汽車電動鑰匙製造商的顏色進度管理

Objective 最終目的：提供使用者智能產品，創造舒適生活			
Goal 具體目標： 2019 年 12 月 31 日前，完成 3 件新發明專利並導入商品。	**Strategy 策略：** 增加 RD 預算，強化產品	**Measure 檢核：**	
		Dashboard 衡量指標： **D1：**2018 年 6 月 30 日提撥新發明專利的專案預算 1 千萬元。	**Plans 行動計畫：** **財務部 Annie 負責** 4/20，開發 3 項專利費用評估完畢 5/1，召開第 1 次年度預算會議 **5/31，完成第 2 次年度預算會議** 6/30，財務簽核 1 千萬元預算
		D2：2019 年 3 月 31 日前完成 3 項新型專利的研發，並送出申請文件。	**技術開發部門 Bella 負責** 4/15，3 項專利人員、計畫確認 5/2，第 1 次計畫修正 6/1，第 2 次計畫修正 7/1，3 項專利計畫定案 *Year 2019* 1/31，完成第 3 項專利計畫 3/31，3 項專利文件申請送出

上表的意義是，因為 5/31 第 2 次年度預算會議可能延後召開，因此無法在 6/1 產出第 2 修正計畫，並且危及 7/1 的 3 項專利計畫定案。

主管必須和負責人討論，是否在第 2 次計畫修正案出來之後，調整某些工作優先順序，好讓 7/1 的行動計畫可以被執行。而且表格中的 Annie 和 Bella 也清楚彼此的工作連動程度，Annie 會了解，越晚召開年度預算，將會壓縮到 Bella 的後續作業時間，進而影響到整體指標是否達標。

第 3 件事：團隊的溝通和交流

Plans（行動計畫）改變了同儕，甚至是跨部門的協作方式。

大家會意識到，若要計畫成功，關鍵在於溝通交流、配合彼此步調，一起合作，而不是自己做完自己的事就可以了。由於團隊成員都含括在這張表格內，都為了達到共同目標，邁向美好最終目的。如果某人工作進度會明顯影響另一個人的工作進度，彼此牽制的情況躍然於紙上，誰拖垮進度一目瞭然，因此更容易促成團隊共好，而完成目標。

在我擔任培訓主管的時候，我的工作必須和業務單位高度合作。當時，公司預計在中山北路上某頂級飯店成立旗艦店。早在 6 個月之前，包括業務部、培訓部、行銷部、財務長我們四位就密切溝通、合作，希望能在 12 月聖誕節之前成立。結果在 11 月份，面試的 5 位旗艦店服務人員，竟然有 3 位沒有報到，理由泰半是因為年底了，希望能夠做完聖誕和過年檔期，不想放棄現有工作優渥的獎金。這麼一來，大家都亂了手腳，主要是因為培訓需要時間養成，再加上年底即將到來，各地人力都吃緊。

「糟了！Annie 老師，我們報到人數不足。」業務經理詹姆斯緊張地說。

「開一家旗艦店最小的人力要幾個人？」詹姆斯繼續神情緊張地問著。

「人力至少要 8 個人，我們也只對外招募 5 位，但不只人力，還有行銷那邊已經幫人員訂製國外制服，似乎也要請行銷一起討論。」我提醒他。

「不行，要趕緊開個會！」詹姆斯幾乎是命令式地說。

「好！沒問題。OGSM 表格我印，表格上的人都必須開會。」我們幾位經理人，包括相關會牽動的單位／人全部到齊，然後透過 OGSM 表格，很快地盤點人力狀態、通路溝通、與國外溝通訂貨的現狀，並且和酒店進行協調，終於在 1 月 1 日讓旗艦店成立，只比預定日期晚了 7 天。

在那次我們開會中，由於只有一張 OGSM 表格，很快地一覽望盡所有細節，就像地圖一樣幫助沙盤推演，由於負責的人很明確，資源到位的狀況也很清楚，因此團隊可以馬上進入狀況，馬上做決策，整個溝通過程完全沒有推諉，大家只想解決問題，這種狀況共有、團隊共識的感覺，即使已經事隔 10 年，還是讓我感動不已。

本章將 Measure（檢核）的兩個元素：Dashboard（衡量指標）和 Plans（行動計畫）一起納入討論的原因是，這不只有前因後果的關係，更是雙向且交互的影響。

衡量指標導出行動計畫，但執行結果會回頭協助檢視是否需要調整指標。在許多的真實狀況裡，美好的計畫往往被現實擊倒，但常常在事後才發現，不是計畫有問題，其實只要微調衡量指標就可舒緩行動計畫時所面臨的困境。因此，有必要把衡量指標與行動計畫放在一起看。

換你試試看：
寫出你的 Dashboard 衡量指標與 Plans 行動計畫

還記得你第 4 章寫出的 Objective（最終目的）、Goal（具體目標），以及 Strategy（策略）嗎？請再度將 3 個項目的內容謄寫至下表。然後請選擇一個策略圈出關鍵字。

- 一個關鍵字對上至少一個 Dashboard（衡量指標）。
- 每個 Plans（行動計畫）都各有一個負責人／單位，然後依照時間順序寫上行動計畫。

恭喜你！完成了 OGSM！

在寫的過程中先不要想寫得好不好，多寫，多練習，只要隨時開會討論，都可以隨時修正 Plans（行動計畫）。重點是，這樣的修正是否可以堅持住你想達成的 Dashboard（衡量指標）；是否仍然對準 Strategy（策略）達成既定 Goal（目標），而往 Objective（最終目的）而去。

當你徬徨時，請不斷地在心中問自己這個問題：

我們是否照著設定的小路標走，
然後隨時檢查是否迷路？

If the measure can track and determine if the strategy is
effective and is having the desired impact？

完整 OGSM 表格練習：

Objective 最終目的：			

Goal 1 具體目標：	Strategy 策略 1-1	Measure 檢核：	
		Dashboard 衡量指標	Plans 行動計畫
		D1-1-1	負責單位／人： • • • • •
		D1-1-2	負責單位／人： • • • • •
		D1-1-3	負責單位／人： • • • • •

Part 3

實際運用
OGSM

第6章

優化你的OGSM

本章共分 3 大內容。首先,介紹「好」OGSM 的 5 大標準。其次,釐清 3 種 OGSM 類型。最後,也是本章重點,透過 3 個不同產業案例,示範 OGSM 的邏輯,以此發展出最適合你和團隊的工作表格。

另外,也提供已經開始接觸 OGSM 的經理人學習更多的案例寫法。從這 3 則修改前、修改後的 OGSM 案例中,我將提供修改的過程,並以邏輯思維檢查。

6-1 ｜ 寫出好 OGSM 的 5 大標準

先聲明，沒有完美的 OGSM，其精神建立在不斷有修改空間的前提之上。即使如此，在判別 OGSM 的優劣時，仍有以下 5 大標準。

一、Objective（最終目的）是否設定某個特定對象

Objective（最終目的）是 OGSM 的第一個項目，也是很多經理人會卡關的步驟，很多人直接在第一步就放棄，通常因為經理人認為最終目的太空泛，不容易表達，或經理人認為這只是公司願景，直接抄下來即可。更常見的問題是——經理人太過著重於執行面，少有訓練自己思考「為何而做」，也就是這份工作對部屬的意義，因此難以下手。

因為以上 3 個因素，許多經理人或企業家常把 Objective（最終目的）寫成業績數字、市場狀況等。例如：

- 成為塗裝前環保藥劑第一品牌。
- 成為面板光學膜最大通路平台。
- 公司每年持續營運成長 10%。

請你思考一下，這些文字背後的想法到底是什麼呢？「達到第一品牌、成為最大通路平台、成長 10%」之後呢？這件事到底對誰有價值？對誰有意義？業務團隊？客戶？還是股東？

請務必牢記，一開始這張表格就要你撰寫 Objective（最終目的）是因為它

期待使用這張表格的人，在每個行動之前都要為自己和團隊，提供一個偉大且遠大的想法，以此促成追隨者的跟隨。

因為最終目的含有激勵概念、願景領導、對心目中理想國的描述，因此能讓團隊「心嚮往之，起而行」。

Objective（最終目的）因此有：「對話」元素，因此，必須設定某一個族群對象，在腦中與對方對話。在這想像的對話中，你去思考什麼樣的溝通能激勵對方，促使對方追隨，或是產生興趣。慢慢地，你把這樣的對話聚攏成關鍵文字，將這些關鍵文字組成一個完整的句子。

這個思維的產出，就是 Objective（最終目的）。

如果運用以上思維，改造前述 3 項舉例，Objective（最終目的）會讓某一個人（群體）感受到以下的價值結果：

- 我如果是員工，我看到「成為塗裝前環保藥劑第一品牌」，我會與有榮焉，覺得自己和公司都已成為市場頂尖。
- 我如果是業務開發，公司「成為面板光學膜最大通路平台」，我會覺得開心，覺得幫助許多中小企業、新創企業誕生好產品，讓更多消費者知道，而且在網路通路上有發言權。
- 如果我是股東，我知道「公司每年持續營運成長 10%」，純利可望達到 5%，我會覺得自己的眼光佳，並且覺得可以繼續投資這個產業，可以繼續堅守這個企業。

因此，要判斷一個 Objective（最終目的）是否寫得正確，就要看它是否能

明確地對著某個群體溝通。

二、Goal（具體目標）是否對準 Objective（最終目的）關鍵字

由於 Goal（具體目標）是 Objective（最終目的）的往下展開層，因此，我會檢查具體目標的設定是否對準最終目的的「關鍵字」。

例如：關鍵字中有「第一品牌」，因此，具體定義「何謂第一」就很重要。所謂「第一」，是指市占率？或是品牌數？或是指某個利基市場的第一名？假設第一，指的是市占率第一，那麼在目標中就要出現關於市占率、成長率數字，這樣對這張表格中所有人來說，才夠清晰、具體。

三、Goal（具體目標）的寫法須符合公式

由於 Goal（具體目標）決定了「什麼是具體的細節」，它決定了執行力，決定了 OGSM 這張表格到底能不能帶領團隊達標，因此，我特別要求寫目標時，一定要夠「具體」，盡量將模糊空間、灰色地帶減到最小。

但是往往在撰寫具體目標時，卻隨處可見破碎的文字，寫出來的數字說不出個道理，缺少截止日期或工作時間段。例如：

- 2020 年整合完整，收參數 solution gateway（數位整合公司）。
- 較 2019 年獲利率成長 100%（物流業者）。
- 美國市場市占率第 2 名（時尚品牌）。

到底何謂「整合完整」？獲利率成長 100%，合理嗎？美國市場占有率第2 名很有企圖心，但是打算多久時間達成？合理嗎？

總的來說，具體、合理是判斷 Goal（具體目標）優劣的另一個關鍵。

四、Dashboard（衡量指標）並非運用策略的結果

看到衡量指標，很多人直覺性地寫成策略運用的結果，這是錯誤的。

衡量指標是衡量：到底如何執行策略，才能彰顯策略的價值。因此，如何找到策略資源？如何運用策略資源？把做法寫出來才是關鍵。

例如，策略是「透過升級工廠內 ERP 系統加快處理客戶需求」，那麼，如果寫成運用策略的結果，就會變成：「處理客戶需求速度加快30%」，它的邏輯是：只要工廠升級 ERP 之後，回應顧客需求的速度就會加快，這是結果論，是錯誤的寫法。

若以 Dashboard（衡量指標）的角度撰寫，就必須寫：「（例）2020 年6 月 30 日前透過與外部專業機構達成合作協議，技術轉移，升級工廠內ERP 系統。」後者的邏輯旨在執行，也因為和外部專業機構合作，才得以升級 ERP 系統，這個寫法是追溯論，才是正確的寫法。

Dashboard（衡量指標）必須對準策略的關鍵字，以此設定客觀標準，查看是否有效執行了策略。

五、避免混淆 Dashboard（衡量指標）和 Plans（行動計畫）

Dashboard（衡量指標）是以客觀標準將策略發揮殆盡，而 Plans（行動計畫）則是依照時間先後順序展開的計畫表。兩者最大的不同之處，就在於行動計畫非常注重「誰」，在「哪一時間」，「做什麼」。順著時間軸寫計畫，是其中最大的差異。分辨這兩者的優劣時，我會去看設定的期限是否合理。如果衡量指標的時間給得太短，根本無法有效執行行動計畫，我就會質疑這兩者之間各自表列，是無效溝通，最終行不通。

以上判斷 OGSM 好壞的 5 大標準，可以提供你在撰寫 OGSM，或是帶著團隊討論 OGSM 時，一個思考的方式。透過這樣的思維，你可以掌握要點，避開問題點，讓表格一次到位，避免過多的修正。

6-2 | OGSM 的類型

依照公司層級及運用範圍，OGSM 可區分為 3 大類型：「企業型」、「專案型」、「功能別」。不過就算分成 3 大類型，運用的原則、邏輯都一樣。

企業型 OGSM

只要是牽扯到整個公司的執行，都適合用「企業型 OGSM」。因為牽扯到企業在市場中所提供的價值，因此也稱為「價值型 OGSM」。「企業型 OGSM」可運用於新創公司，改變價值鏈的活動（例如：合併上游供

應商、大量外包等），抑或是重新調整市場定位（例如：進入頂級市場、跨入電商產業等）。

因為層級是「企業」級別，因此有以下幾點須特別留意：

- Objective（最終目的）的撰寫，可以直接寫成公司願景。只是在願景描述中，仍必須明確指出業務或服務範圍，設定對話對象，以及期望可以為市場帶來的價值。由於 Objective 是整個表格的觸發點，描述 Objective 等同於描述企業模樣，因此，建議企業主必須多花時間在 Objective 上。
- Plans（行動計畫）則不須著墨太多，將重要計畫及時間點羅列出來即可，若是執行計畫寫得太細，整張 OGSM 就會失之龐雜，找不到重點。
- Plans（行動計畫）會牽扯到多個單位，因此務必寫上各單位名稱、負責人名字。負責人請寫一位即可，通常是該單位主管。僅限一位負責人名字是因為屆時需要討論或調整，比較好找到當事人，且溝通容易聚焦，責任不容易分散。

專案型OGSM

只要是牽扯到公司專案或關鍵活動的執行，舉凡屬於事件（Event），需要跨部門人員集結成專案團隊者，都適合用「專案型 OGSM」。

因為是「專案型」級別，因此：

- 特別留意具體目標和執行時間。由於專案都會有時間截止點，或是有例外工作，必須明訂專案進程，讓配合的人彼此知道進度。專案進度透明化很重要，這意味著，若進度落後就能即時討論，並且開會決定是否需要相互支援，以確定達成目標。
- 專案型 OGSM 通常不會太著墨於 Objective（最終目的）。由於專案型 OGSM 目的性很強，結案後就結束，花太多時間討論寫出最終目的比較沒有意義。

功能別OGSM

只要是一整個單位的日常執行，都適合用「功能別 OGSM」。它也稱為「部門別」OGSM，也就是同一個部門同事之間，彼此協調工作所用的工作表。此種表格非常適合部門每月、每季、每週的工作回顧、工作提醒、工作進度查核、例行工作確認等。「功能別 OGSM」是部門管理者，例如市場開發經理、行銷經理、客戶經理、業務經理賴以支撐團隊日常運作的工具。

因為是「功能」級別，因此：

- 除了最頂層的最終目的之外，具體目標、策略、檢核都是依照每年、每季、每月的時間段撰寫。例如第 1 季的重點目標是經營主顧客、第 2 季的重點目標是參加國外展覽……以此類推。
- 功能別 OGSM 的最終目的通常是寫出該部門主管的領導理念，或者是今年的工作價值（例如：讓好久不見的失聯顧客回娘家）。部

屬會因此了解今年主管的工作重點，進而檢視自己的工作內容是否需要調整。

- 功能別 OGSM 也成為例行性會議的工作表單。部門主管只要拿著這張表，在每月月會或每季季度會議，讓執行計畫的負責人分別報告進度，以及未來執行重點，每個人就可清楚掌握彼此工作內容、進度，以及可能需要協助的地方。OGSM 便可輕鬆發揮管理者的規畫、領導、控制等管理功能。

- 功能別 OGSM 因為涉及單位成員的工作產出，也因此是 OGSM 類型中最容易和 KPI 掛勾的表格，因為可以把進度換成百分比。例如：某員工進度僅有 60%，那麼就可以把 60% 轉換成 0.6 分。由於每次查核進度都有百分比當作分數（X），年度結算將各平均除以每次得出的值（$\bar{X}$）就可以當作 KPI 的參考分數。

6-3 ｜ 邏輯檢查 OGSM

在堅守 5 大標準，決定了 OGSM 類型之後，你就可以開始動工產出 OGSM。在完成之後，你會需要檢查邏輯是否合理，因為，下一層是否對準上一層，此種邏輯層層推衍，會關係到此表格的主管策略思維——你的想法，是否能夠產出執行，帶出結果。

OGSM 的邏輯檢查方法非常簡單：「從關鍵字出發，由後往前推」。照這個邏輯去推理，方向明確且具有一致性，就不會有大問題。但是如果怕有問題，或擔心寫不好，不要過於擔心。請記住，OGSM 可以隨時調整、修改，這都不會造成太多問題。

以下，我把曾經輔導的 OGSM 案例，透過 3 個企業層級案例、1 個專案層級案例、1 個功能別案例，分別說明正確及需要調整之處，並且示範該如何檢查 OGSM 的邏輯。

案例 1（企業型 OGSM）

- 背景說明：案主為某物流公司創辦人，經過數年的經營，希望在目前快速成長的物流產業，開始著力於獲利。業主了解到車輛的稼動率、尖峰時間需求分析決定了成本，散客過多，單位成本亦高，因此希望未來能集中服務某業務量以上的客戶，尋求利潤成長。

表 6-1：某物流業者 OGSM 原始版本

Objective 最終目的：成為台灣最會賺錢的物流業者。			
Goal 具體目標：較 2019 年獲利率成長 100%	**S**trategy 策略：	**M**easure 檢核：	
		Dashboard 衡量指標	**P**lans 行動計畫
	S1：透過客戶貢獻度分析找出不同貢獻度客戶以釋出產能	D1：每季 Review 調整並找出最差 20% 客戶（Q2、Q3、Q4）	<ul><li>01/15 前完成資料統計（營收成本、耗時、條件）</li><li>01/31 前完成貢獻度公式定義</li><li>2 月底列出最差 20% 客戶清單</li><li>3 月初提出預告—月底實施</li></ul>

| S2：透過車輛稼動時段分析，調整離尖峰車次 | D2：離尖峰時段車次落差低於20% | • 01/31 前完成過去 2 年車次時段、車種起訖點，客戶別之資料統計
• 2 月底前完成評估客戶改變提卸貨時段可行性
• 3 月底前調整離尖峰報價
• 4 月-6 月向客戶簽訂新的合約
• 7 月開始實施 |

- 可以更好的地方：

    1. 最終目的並無激勵人心之處，缺乏令人想追隨的價值。

    2. 具體目標沒有基準點，無法判斷獲利成長 100% 是否合理。

    3. 行動計畫沒有負責單位／人。另外，D1 因為以「季」為時間單位，所對應的 Plans 也應該和「季」的單位有關，例如：第 1 季的第 1 週、第 2 週等。

表 6-2：某物流業者修正後（紅字為更動部分）

Objective 最終目的：成為台灣最會賺錢的物流，**客戶依賴的運送好幫手**			
Goal 具體目標：	**S**trategy 策略：	**M**easure 檢核：	
		Dashboard 衡量指標	**P**lans 行動計畫

2019年獲利率較2018年整體獲利2億元，成長100%，到4億元	S1：透過財務部客戶貢獻度分析，找出高貢獻度，調整低貢獻度客戶，以高效運用產能	D1：每季Review調整最差20%客戶（Q2、Q3、Q4）	**財務部 Annie 負責** • 每季Week2完成資料統計（營收成本，耗時，條件） • 每季Week4提出高／低貢獻度公式定義 • 每季Week8找出最高／最低20%客戶名單 • 每季Week9確認顧客分級差別收費優惠方案 • 每季Week11實施
	S2：透過時段分析，調整高低峰車量分配，提高車輛稼動率	D2：2019年3月31日完成2年高低峰時段資料，包括車次時段、起訖點、收件處	**物流開發部 Kevin 負責** • 01/31前完成過去2年車次時段、車種起訖點，客戶別之資料統計 • 02/28評估客戶改變提卸貨時段可行性 • 03/15確認離尖峰時段新的運送報價 • 04/01-06/30完成客戶合約更新及簽約完成 • 07/01開始實施新報價
		2019年7月1日車輛稼動率從75%提高到90%	

• 說明：

1. 紅字為更新部分。

2. 在 Objective（最終目的）的描述，增加「客戶依賴的運送好幫手」一行字，將客戶設定為對話對象，增加企業價值及理想性。

3. Goal（具體目標）增加「獲利2億元」一詞，設立基準點，以檢視「4億元」業績總量，是否合理。

4. 稼動率一詞用法難以淺白，增加「車輛分配」來表現稼動率。

5. 增加 D2「車輛稼動率」比較的基準點：「從 75%-90%」，以增加比較的合理性。

6. D1 展開的行動計畫改以「季」的下一層「星期」為單位展開。

- 邏輯檢查：

Objective	Goal	Strategy	Dashboard	Plans

請掌握「由後往前，由 P 往 O」的邏輯檢查原則。

案例 1 的邏輯語法如下：

（Plans）財務的 Annie 完成財務統計、客戶分級、收費差別；開發的 Kevin 完成 2 年客戶資料統整、客戶溝通、設定離峰優惠差別費率 →
（Dashboard）就能完成每季客戶篩選，以及 2 年資料分析 →
（Strategy）能徹底重整產能，提高車輛稼動率 →
（Goal）達到獲利 4 億元目標 →

（Objective）成為全台灣最會賺錢的物流，成為客戶依賴的運送好幫手

「由後往前，由 P 往 O」的邏輯檢查語法，協助經理人自行檢查思路。我的建議是，**把這個邏輯語法唸出來給團隊成員聽**，如果大家覺得邏輯順暢，專業直覺認為通順，那就沒有太大問題了。

案例 2（企業型 OGSM）

- 背景說明：案主為西點麵包原料供應商，希望能夠朝向健康、無負擔的烘培原料提供，符合年長者及小孩的需求。

表 6-3：某西點麵包原料供應商業者 OGSM 原始版本

Objective 最終目的：建立好吃，無負擔的健康烘培產品線			
Goal 具體目標：	Strategy 策略：	Measure 檢核：	
		Dashboard 衡量指標	Plans 行動計畫
G1：2019 年 2 月 1 日前低澱粉低醣產品占 30%（店內設置無負擔銷售專區）	S1：透過新麵粉科技研發產品	30 樣健康麵包 6 樣健康西點 5 樣冷凍麵包 3 樣冷凍糕點 2 樣健康麵條	09/01 前原物料廠商教學產品特色，生產操作，產品示範 11/01 外聘僱問開發新產品 11/01 公司內部開發新產品 11/30 幹部店長會議挑選新產品銷售測試品項 11/30 送檢測單位分析產品成分占比 12/31 新品銷售測試活動 01/05 依照銷售數據分析，挑選銷售品項 01/31 後續銷售檢視及品項調整

G2：2019年6月1日前，占20%銷售業績	S2：無負擔產品推廣	3 位網紅分享寫手 4 位網紅分享 2 個電視節目 2 本雜誌 6 個月買 FB 廣告	企畫部組長負責 02/01 購買分享文 02/15 網紅行銷 04/01 電視節目行銷 04/01 雜誌行銷 02/01 網路商店行銷活動

- 可以更好的地方：

  1. G2 不清楚是什麼項目佔 20% 銷售業績。

  2. S2 透過哪種資源可以進行無負擔產品推廣？寫法並不明確。

  3. 整個 D 欄寫錯，全部寫成 S 執行之後的結果。

  3. 行動計畫並非跟著時間段依序寫出。

表 6-4：修正某西點麵包原料供應商業者 OGSM（紅字為更動部分）

Objective 最終目的：建立好吃，無負擔的**健康**烘培產品線			
Goal 具體目標：	**S**trategy 策略：	**M**easure 檢核：	
		Dashboard 衡量指標	**P**lans 行動計畫
G1：2019年2月1日前低澱粉低醣產品品項占30%（店內設置無負擔銷售專區）	S1：透過研發新低醣麵粉，而推出低醣產品品項	D1-1：透過外聘顧問及公司研發部門，尋找可維持口感但又維持低醣比例的麵粉原料開發 D1-2：新低醣麵粉可開發出共 36 樣健康產品 30 樣健康商品 6 樣健康西點商品	**研發部 Richard 負責：** 09/01 尋找外聘顧問開發新產品 11/01 新產品提案 11/30 幹部店長會議挑選原料運用的烘培品項；11/30 送檢測單位分析產品成分占比 12/31 新品銷售測試活動 01/05 依照銷售數據分析，預計挑選銷售品項 36 樣 01/31 後續銷售檢視及品項調整

G2：2019年6月1日前低醣產品銷售額佔銷售業績20%	S2：透過網路健康話題的討論，提高消費者對低醣烘培產品的需求	D2 透過與網紅的合作，激發可打動消費者對低醣烘培產品的購買動機	**企畫部組長 Ivan 負責** 02/01 找出網路行銷公司討論主題及網紅 02/15 確認設計主題及上檔時間表 03/01-04/30 網路健康烘培網紅直播 05/01-06/01 推出 8 檔網路商店行銷活動

- 說明：

  1. 紅字為更新部分。

  2. 將 Goal（具體目標）分為兩個小目標：G1「品項」及 G2「銷售額」，讓目標的區分更明確。

  3. D2 所展開的 Plans「行動計畫」全部改寫，凸顯網路話題的創造，是由外部行銷公司搭配公司網路商店活動而成。

- 檢查邏輯：

Objective	Goal	Strategy	Dashboard	Plans

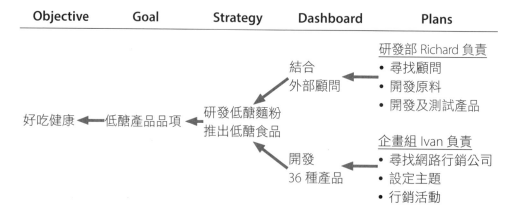

好吃健康 ← 低醣產品品項 ← 研發低醣麵粉 推出低醣食品

結合 外部顧問 ← 研發部 Richard 負責
- 尋找顧問
- 開發原料
- 開發及測試產品

開發 36 種產品 ← 企畫組 Ivan 負責
- 尋找網路行銷公司
- 設定主題
- 行銷活動

同樣遵循「**由後往前，由 P 往 O**」檢查邏輯原則。限於篇幅，僅列出 Goal1 的邏輯語法：

（Plans）研發部的 Richard 尋找外聘顧問開發新原料、店長挑選品項→

（Dashboard）就能結合外部顧問，完成研發新原料→

（Strategy）而研發出低醣麵粉，推出低醣食品→

（Goal）而達到低澱粉、低醣產品品項佔 30%，同時銷售額達 20% 的目標→

（Objective）建立好吃，無負擔的健康烘培產品線。

再次使用「由後往前，由 P 往 O」的邏輯檢查語法，然後唸出來，讓專業直覺引導團隊進行流暢度檢查。同樣的，若專業直覺通順，那就沒有太大問題。

案例 3（企業型 OGSM）

- 背景說明：案主在服飾業專職飾品，以金工技術搭配設計。由於牽扯到時尚界，因此除了工法以外，也必須展現設計思維，參與國際競賽，擁有知名度是必要的。案主希望能夠經營品牌，並且往國際市場發展。

表 6-5：配件金工品牌 OGSM 原始版本

Objective 最終目的：成為一個訴求永續與時尚結合的金工品牌			
Goal 具體目標：	**S**trategy 策略：	**M**easure 檢核：	
		Dashboard 衡量指標	**P**lans 執行計畫
G：營銷目標自 2019 年 12 月 31 日起，總體業績成長 100%，從 1 千萬元到 2 千萬元	S1：實體店（飾品商品）增加實體店數量，並因地域不同提供不同風格與服務	D1-1：飾品營業額 1 千萬元 D1-2：實體店面由 2 家增加到 5 家 D1-3：設立觀光工廠	• 新點評估並決議 • 地域及 TA 研究 • 店面風格設計與建置
	S2：官網（材料商品）利用社交軟體達到大量且準確的 TA 曝光	D2-1：材料商品營業額達 1 千萬元 D2-2：增加社交媒體會員數達 1 千人	• 建立教學影片，刺激用戶使用材料 • Google AD 建立及投效引流人潮到指定行銷網頁並監控下單轉換 • YouTuber 業配 • 國外客戶出貨相關業務完成

- 可以更好的地方：

  1. Objective（最終目的）和 Goal（具體目標）無相關，彼此獨立而缺乏相依性。

  2. Goal（具體目標）都是著眼於業績，過於單一。

  3. Strategy（策略）沒有對準 Goal（具體目標），寫法也沒有遵循策略語法，不清楚意圖「透過」什麼資源來達標。

  4. Plans（行動計畫）並無著墨執行單位／負責人，缺少執行日期、塞滿各種計畫，讀起來失之龐雜，找不到層次和重點。

表 6-6：修正配件金工品牌 OGSM 後（紅字為更新部分）

Objective 最終目的：成為一個**訴求永續**與**時尚結合**的金工品牌			
Goal 具體目標：	**S**trategy 策略：	**M**easure 檢核：	
		Dashboard 衡量指標	**P**lans 執行計畫
G1：2020年1月1日到6月30日開發環保概念的時尚配件共50個品項	S1：透過美麗佳人邀請5位設計師進行環保概念的配件設計共50個品項	D1-1：2020年2月29日前完成與美麗佳人雜誌簽約 D1-2：2020年3月1日前確認5位合作設計師 D1-3：2020年5月31日50個環保時尚配件品項提案	**行銷 Annie 負責：** 01/10 徵詢美麗佳人雜誌意願及合作想法 02/10 合約初稿 **公關 Bella 負責：** 02/20 確認3月刊露出合作訊息 **研發 Coral 負責：** 03/01-05/31 與選定設計師溝通設計想法
G2：2020年7月31日到9月30日增加環保時尚概念的旗艦店共3家	S2：透過南風體系洽談成立環保時尚店中店，計畫共3家	D2-1：2020年5月31日完成與南風體系設店洽談並簽約 D2-2：2020年7月31日前第1家旗艦店成立 D2-3：2020年8月31日前第2家旗艦店成立 D2-4：2020年9月30日前第3家旗艦店成立	**通路 David 負責：** 02/01 拜會百貨通路主管 04/30 合約初稿送出 **美工與陳列 Eva 負責：** 05/01 設計圖完成並送審 **業務部 Flora：** 07/30 商品進店，櫃台就位 08/30 商品進店，櫃台就位 09/29 商品進店，櫃台就位

G1&G2：自 2020 年 1 月 1 日起至 2020 年 12 月 31 日止，營銷目標共 1 千萬元			
G3：2020 年 4 月 1 日起全新官網問市	S3：透過內部 IT 部門，優化官網，網上可消費、以大數據推薦商品	D3-1：2020 年 1 月 1 日到 1 月 31 日建立專案成員 D3-2：2020 年 1 月 1 日到 3 月 15 日，建置支付與官網系統連結 D3-3：2020 年 3 月 16 日到 3 月 31 日官網宣傳活動	**資訊部 Garry 負責** 01/31 專案小組成立 02/01 外部大數據合作廠商確認 02/01-03/15 官網優化完成 03/16-03/31 官網消費及會員招募上線 03/16-03/31 官網系統微調 04/01 官網問市
G3：2020 年 1 月 1 日起至 2020 年 12 月 31 日止，營銷目標共 1 千萬元			

- 說明：

    1. 此為虛擬案例，目的只是為調整給讀者比較前後差異。

    2. 同樣的最終目的，但是內容和焦點完全不同。差別在於是否忠於 Objective（最終目的）並以此層層展開。

- 邏輯檢查

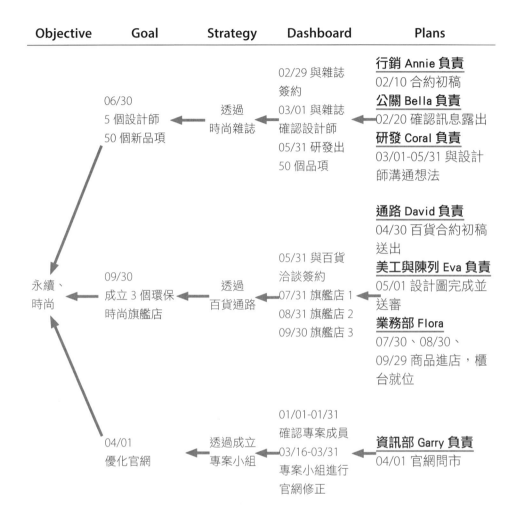

Objective	Goal	Strategy	Dashboard	Plans
	06/30 5 個設計師 50 個新品項	透過 時尚雜誌	02/29 與雜誌 簽約 03/01 與雜誌 確認設計師 05/31 研發出 50 個品項	**行銷 Annie 負責** 02/10 合約初稿 **公關 Bella 負責** 02/20 確認訊息露出 **研發 Coral 負責** 03/01-05/31 與設計 師溝通想法
永續、 時尚	09/30 成立 3 個環保 時尚旗艦店	透過 百貨通路	05/31 與百貨 洽談簽約 07/31 旗艦店 1 08/31 旗艦店 2 09/30 旗艦店 3	**通路 David 負責** 04/30 百貨合約初稿 送出 **美工與陳列 Eva 負責** 05/01 設計圖完成並 送審 **業務部 Flora** 07/30、08/30、 09/29 商品進店，櫃 台就位
	04/01 優化官網	透過成立 專案小組	01/01-01/31 確認專案成員 03/16-03/31 專案小組進行 官網修正	**資訊部 Garry 負責** 04/01 官網問市

同樣遵循**由「後往前，由 P 往 O」**檢查邏輯的原則。限於篇幅，
僅列出 Goal1 的邏輯語法：

（Plans）行銷的 Annie、公關的 Bella、研發的 Coral 各自完成雜誌合約、公關訊息露出，以及與設計師溝通想法→

（Dashboard）就能完成與雜誌簽約合作，完成 50 個設計師品項→

（Strategy）就能徹底運用和時尚雜誌合作資源→

（Goal）在 06/30 前與 5 位設計師產出 50 個具環保概念的合作品項→

（Objective）成為訴求永續且與時尚結合的品牌。

再次使用「由後往前，由 P 往 O」的邏輯檢查語法，然後朗誦出來，讓專業直覺引導團隊進行流暢度檢查即可。

6-4 ｜不同層級的 OGSM 寫法

藉由這個單元，我企圖打破「OGSM 是專門給組織層級高的人」使用的迷思。以下我將再以「專案型 OGSM」、「功能別 OGSM」各一個案例，供讀者參考。

在我輔導的過程中，經理人提出一個疑問：「OGSM 只適合組織層級級別高的人使用嗎？」

甚至有經理人斬釘截鐵地說：「這個工具不適合我這種傳統產業！」

當我接下來問「什麼是傳統產業？」

他解釋說：「工廠產線的工作和辦公室人員工作差異過大，似乎 OGSM 有些地方用不上。」

OGSM 是個工具，就像鐵鎚、剪刀、扳手等都是工具。使用工具前，你勢必得了解它的作用。我相信你不會拿剪刀敲釘子，你也不會用扳手來裁切。為了達到正確的事情，必須選擇正確的工具，前提是，你得理解每個工具的作用，甚至實際使用過，你才會知道如何運用巧勁。

而以上經理人所提出的疑問，我的回應是：「你了解 OGSM 工具背後的意義嗎？你試著使用過它的功能嗎？」

如果以上都是否定的，那麼我誠心建議去了解、試一試這個工具，你會發現它的巧勁和靈活度，可以貫穿在公司每個層級和角落。

專案型 OGSM 範例

- 背景說明：案主是機車廠商，希望透過科技方式，讓來店試車的顧客不需要真的上路試車，就能體會該機車的性能及手感，也可避免因為在真實道路上試車，所衍生的費用和安全問題。（此為經過改編的案例）

表 6-7：以「引進 AR 技術」為例

Objective 最終目的：透過**新科技**讓潛在顧客擁有**試車真實體驗感**			
Goal 具體目標：	**S**trategy 策略：	**M**easure 檢核：	
		Dashboard 衡量指標	**P**lans 行動計畫
G1：2019 年 7 月 1 日起實體店面引入沉浸式虛擬體驗科技 G2：自 2019 年 6 月 30 日起到 12 月 31 日止，內湖、南港、新竹、台南、高雄園區 5 大旗艦店全數引進使用	S：**透過**引進高科技 AR 技術，讓潛在顧客不必親自上路，也能擁有試乘騎車的真實感受	D1：2019 年 2 月 28 日前，確認 AR 技術合作廠商 D2：2019 年 7 月 1 日 AR 技術內湖園區旗艦店建置並試用營運	**財務 Annie 負責：** 01/01 徵求 5 位 AR 廠商 02/01 收到 5 張廠商報價單 02/28 完成議價確定廠商 **工務 Kevin 負責：** 05/15 召開廠商會議 05/31 發包 06/30 內湖店試用計畫 07/31 新竹店試用計畫 08/31 台南店試用計畫 09/30 高雄店試用計畫 10/31 南港店試用計畫

- 說明：「專案型 OGSM」最典型的就是在執行計畫中會牽扯到多家單位，因此建議 Objective（最終目的）由上級主管提供，Goal（具體目標）由上級主管及專案人員共同討論，從 Strategy（策略）之後，就可以由表格中的人員自行填寫，主管退居觀察即可。

此一專案型 OGSM 案例有個非常重要的假設：「只要顧客經歷過 AR 的試乘，就會成交」，因此，AR 在店內的建置是成敗關鍵，只要 AR 如期在店裡面建置完成，自然會帶來新顧客，也會帶來業績。

因此對財務的 Annie 和工務的 Kevin 來說，「在期限內完成 AR，是今年最重要的事」。因為有這樣的認知，在工作上自然就會投注「錢、人、時間」（資源），來確認建置 AR 這件重要的事如期發生。這也就是為何員工會很自然地了解，什麼是對他們最重要的事。

功能別OGSM範例

- 背景說明：假設案主是美食外送的網路平台業者，希望透過現有的公眾交通工具，讓網路下單的顧客一律都在 30 分鐘之內吃到熱騰騰的美食，好跟競爭者做區隔。（此為經過改編的案例）

表 6-8：以「通路開發部門」為例

Objective 最終目的：任性享受，手指輕滑，不必出門即刻抵送熱騰騰美食			
Goal 具體目標：	**S**trategy 策略	**M**easure 檢核：	
		Dashboard 衡量指標	**P**lans 行動計畫
2019 年 8 月 1 日前大台北地區顧客可透過手機下單 30 分鐘內吃到**熱騰騰美食**	（通路開發）多通路策略：**透過**與計程車隊進行美食策略聯盟	D1：2019 年 6 月 15 日完成與計程車隊配合美食配送車輛達 500 台	**通路開發 Daniel：** 04/01 完成合作草約 04/30 確定合作費用 05/15 起與車隊司機召開 10 場說明大會 06/15 配送車輛簽約
		D2：2019 年 7 月 15 日更新計程車隊衛星導航系統內含簽約餐廳店家位置	**通路開發 Erin：** 04/01 盤點配合餐廳 04/15-06/15 簽約店家數每 10 公尺 1 家 06/16 地址確認系統更新 07/10 完成測試更新

- 說明：功能別 OGSM 最重要的就是工作分配。因為是工作分配，被分配的人都在同一個單位，因此，這張 OGSM 會特別放大計畫的細節。也就是說，此種 OGSM 會特別著重執行以及如何分工，因此功能別 OGSM 是所有 OGSM 類型中，最具有執行力的層級。

此一功能別 OGSM 有個重要假設必須成立：「必須吸引計程車隊的人願意主動參與美食外送」，因此減少空車閒置，創造車隊司機汽車最大價值

是關鍵，由此可知，衛星導航的建置決定此一合作的成敗。因此對「通路開發」單位特別是 Daniel 和 Erin 而言，「選定合作對象，並且盡速把合作商家標示在導航系統，是上半年度最重要的事」，同樣的，在這樣的共同認知下，他們會在例行事務之外，投注所有可能資源，確保這件重要的事如期發生。

OGSM 再次發揮其專注、協同溝通、邏輯串聯的力量，讓單位內的每個人員動起來，投注所需要的心力，專注在重要的事，最終達成目標。

＊＊＊

此一章節主要是透過示範，讓讀者整合之前所了解的 OGSM 內容，而根據企業層級、專案層級、功能級別，讓大家看到修改痕跡、邏輯思維。

無論你目前的體悟為何，請牢記，**撰寫 OGSM 表格時，是「由前往後，由 O 往 P」，但是檢查邏輯時，恰好相反，是「由後往前，由 P 往 O」**，掌握這「先一前，再一後」的概念，自然更有自信、更有手感。

下一章要告訴你，如何完美結合「企業型 OGSM」及「功能別 OGSM」。

第 7 章

推動 OGSM

OGSM 是一個讓企業面對變革的簡單且上手的工具。凡是會影響變革失敗的原因，就可能影響全面推廣 OGSM。因此，找出推廣 OGSM 的支點，正確且簡單的施力，讓變革信手捻來，企業可輕鬆地撐出一片天。

每年來自科技、金融、重機、化工、環工、餐飲、飯店等產業，年資平均5年以上，超過1千位的經理人，以及在商周CEO學院500多位，身家每位超過新台幣3億元的企業家，從OGSM培訓課堂中滿載而歸。這些優異的經理人經過課程10小時以上的洗鍊後，都深感震驚和感動。

震驚是因為OGSM的邏輯縝密，上到總經理，下到一線員工，每個人在工作上所扮演的角色，因為OGSM一頁企畫書讓重要的事、需要大家有共識完成的事，躍然紙上，一目瞭然，不論上下的垂直溝通，或者是平行的同儕合作，跨團隊溝通真的非常方便。

感動是因為，方法實在簡單，真的簡單。只要一張紙，不用引進龐雜的電腦系統，就可以幫助大家一起討論、思考、交流。而且只要5個小時，竟然就可以有所學習且產出具體結果，這讓每個參與者心情澎湃不已。

就在昨天，我才收到一位經理人在OGSM培訓半年後的回饋。他寫道：

> 「今天我把OGSM分享給公司團隊，同時也開始製作我們的一頁企畫書。我覺得OGSM真的很神奇，讓我們的團隊更團結了，因為這是團隊想出來的方向，我可以感覺許多事情不需要太多說服，只需要讓團隊討論。」

如果你還在尋找管理團隊的工具，試試看OGSM的一頁企畫書，它讓團隊專注、團結、集氣，更重要的是，將因此改變團隊和主管溝通的方式，創造一股由下而上的力量，讓員工發聲，使員工感受到被賦權，在工作上擁有更多掌控權，因此對工作感到更滿意，進而信任公司，更願意投身在工作之中。

你可以看到，工作氣氛變得更加熱絡了，組織文化因此開始改變。

OGSM 與 PDCA

市面上非常多工作計畫表，而 OGSM 的誕生承襲了管理大師彼得・杜拉克的目標管理概念，以及現代管理對願景的要求。透過放大 PDCA 循環[1]中的 P（Planning，規畫），讓變動環境中的每個員工，得以在一張表格內進行計畫，以利後續的協調溝通。

OGSM 更是補強了傳統 PDCA 漏失掉的「願景」元素，並且為了更具執行力，在策略與計畫之間設立衡量指標，讓表格內的人透過衡量指標檢驗，確定徹底實踐策略，進而完成目標。

圖 7-1：PDCA 與 OGSM 的關係

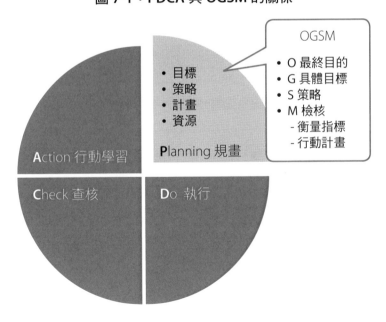

OGSM 與 OKR 最大不同在於：OKR 只有兩層思維，且 O（目標）和 KR（關鍵結果）兩個層次的連結過於單薄，邏輯過於跳躍。如果你是一位沒有太多管理經驗值的主管，你更會發覺，使用 OKR 會讓你不知道 KR（關鍵結果）是怎麼來的，你也不清楚 KR（關鍵結果）可能有哪些。另外，因為翻譯的關係，許多讀者對於 Objective 這個字產生太多誤解，導致理解兩個工具時有所混淆和差別。這點我已經在第 1 章討論過。

「經理人最需要專注的就是效率和效能」[2]，這是我非常喜歡的一位瑞士管理學者佛瑞蒙德 · 馬利克（Fredmund Malik）的管理哲學。如果你同意這句話，那麼請你盡情在本書中感受 OGSM 的魅力，它把目標管理的功能發揮到淋漓盡致，表格中的每位負責人、單位裡的每一分子，都會因為這簡單的一頁紙，明白「哪件事是最重要的事」，因此提高效率，且確保每個人對工作有貢獻度，更因此展現效能。

打造海洋拉娜傳奇

我記得有一年國外總部給我們的任務是「爭取名媛貴婦對產品使用的公關報導」。總部一直不斷提醒，「要把公關做到不像業配，讓故事去說話，讓記者自然去尋找故事」，因此那一年，公司的每個人只要在網路、報紙、電視看到任何人提到海洋拉娜的故事，隔天，同事就會寫 E-mail 傳給大家。

我當時擔任公關經理，電腦裡都是消費者和貴婦名媛的使用經驗，我們蒐集了許多文字、照片和故事，都希望能堆疊出海洋拉娜品牌的傳奇。

開會時，如果不知道要如何設計讓頂級顧客驚喜的橋段，我們就會自問：「什麼樣的安排會變成她們口中的故事？」由於所有人都認同這個品牌「最終目的」就是希望透過海洋的傳奇，為女人肌膚創造美麗奇蹟。上下全體同仁，都對準「傳奇故事」，為「奇蹟故事」而努力。經過這一切的累積，海洋拉娜這個品牌已經在貴婦圈擁有神聖地位。

簡單的事情最難，而 OGSM 難在「推動」。 以下分別討論 OGSM 推動時的關鍵以及建議做法。

推動 OGSM 的關鍵

一、層級

OGSM 最大的成功關鍵就是「層級」。在此，需要回顧一下 OGSM 各別的特色，才好進行解說層級。

- Objective 最終目的：意圖對設定對象，描述理想境界，以此引領團隊前進。屬於文字描述。
- Goal 具體目標：以客觀方法界定最後終點站。屬於數字描述。
- Strategy 策略：說明透過選定的某種資源，運用資源來達到目標。屬於文字描述。
- Measure 檢核：確定徹底運用所選定資源。其中，M-Dashboard（衡量指標）屬於數字描述。

因為 **Objective** 和 **Strategy** 是文字描述，**Goal** 和 **Dashboard** 是數字呈現，層級依此展開。

所謂的層級就是，上一層級的 **S**trategy（策略）是下一層級人員的 **O**bjective（最終目的）。上一層級的 **M**–Dashboard（檢核中的衡量指標），是下一層級人員的 **G**oal（具體目標）。以此往下層層展開。請見下圖：

圖 7-2：OGSM 層級示意圖

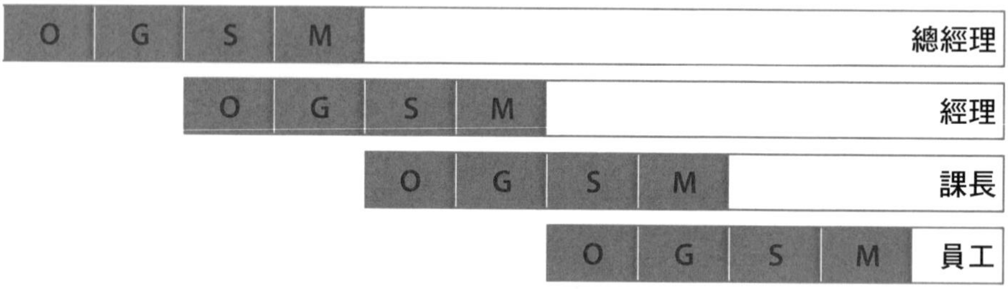

O	G	S	M		總經理
	O	G	S	M	經理
		O	G	S	M	課長
			O	G	S	M	員工

以組織中的 4 個層級為例：

- 總經理的 Strategy（策略）是經理的 Objective（最終目的）
- 總經理的 M — Dashboard（衡量指標）是經理的 Goal（具體目標）

以此邏輯來說，我們才稱「OGSM 表格具有貫穿力」。這個貫穿必須透過「關鍵字」進行，也就是本書中一直不斷強調的「對準」概念。

以下以物流業為例：（見表 7-3）

- 以下以「總經理」、「經理」、「課長」3 個層級，羅列出 OGSM 上下間的關係。上一層管理者的 Strategy（策略）文字描述是下一層人員的 Objective（最終目的）文字描述。由於 Strategy 和 Objective 都是敘述句，沒有任何數字，因此恰好可以上下對應。
- 同理，上一層管理者的 M-Dashboard（衡量指標）數字呈現是下一層人員的 Goal（具體目標）數字呈現。由於 Dashboard 和 Goal 都需要以數字、日期等客觀方式表現，不著重價值觀或文字，因此恰好可以上下對應。

透過層級概念，不同位階的主管將會更清楚自己所扮演的角色，在重疊的地方，主管和部屬一起溝通討論；沒有重疊之處，則授權讓負責人／單位發想。

圖 7-3：3 個管理層的 OGSM 層級關係圖（示範）

O	G	S	M	
成為台灣最會賺錢的物流業者	2019 年獲利率較 2018 年整體獲利 2 億元成長 100%，到 4 億元	透過財務部客戶貢獻度分析，找出高貢獻度客戶，以高效運用產能	每季 Review 調整最差 20% 客戶	**總經理**

O	G	S	M	
同上	同上	透過資訊室顧客資料重新分類，以大數據產出調整結果	2018 年 6 月 1 日到 9 月 30 日資訊室同仁大數據認證通過	**經理**
		透過資訊室顧客資料重新分類，以大數據產出篩選結果，提升資訊人員素質，跟上數位時代需求	2018 年 10 月 1 日到 11 月 30 日撰寫內部顧客資料篩選程式並試跑	

O	G	S	M	
同上	同上	透過資策會訓練輔導	2018 年 5 月 15 日前，40 小時課程內容確認	**課長**
		透過資策會合作，完成程式及試行運作	2018 年 10 月 1 日到 11 月 30 日資策會 2 名人員協助程式撰寫及試行運作	

二、團隊溝通

承襲上述，讀者可以清楚地看到，只要是「重疊」的部分，就代表需要上下一起討論。意即，總經理可以和經理一起討論 Strategy（策略）和 Dashboard（衡量指標），以此類推。

> **CFR 對話**
>
> **Conversation（對話）**：也因此，管理者必須建立一個開放、交流的討論氛圍，而讓工作對話得以持續。管理者和員工在最終目的引領下，彼此都為了達到目標，而有真實的交流。
>
> **Feedback（回饋）**：對話是雙向的，並非單一人員自說自話，因此也代表著，每個人都肩負著對溝通的回饋、提問、反思的責任。
>
> **Recognition（肯定）**：開放的環境有其絕對必要，而開放環境來自於主管開明的態度，讚賞踴躍發言，尊重每個意見。

以上的 CFR 對話，OKR 一書也曾討論過。OGSM 也是循著相同的道理，都是希望創造一個開放溝通，相互了解的工作環境。

因此管理是以溝通為基礎，而非僅以「層級」進行，這種體質上的革命促成績效成長，改變組織文化，是推動 OGSM 中最常看到的，也是我們最期待的——**擁抱改變**。

三、最高領導者須做到願景領導及目標管理

在 OGSM 層級中，讀者也可以清楚地看到，沒有重疊的區域有兩個：總經理層級的 Objective（最終目的）、Goal（具體目標）。總經理層級的 Objective 和 Goal 原則上必須由最高階主管提出，尤其在訂定 Objective（最終目的），更是責無旁貸。

雖然我們在第 2 章提過，企業領導人可以在「願景日」邀請高階主管一同發想 Objective（最終目的），但是，最後還是必須要有個仲裁者，而這件事經理人無法代勞，最終還是要由主事者決定。

我們也鼓勵由企業領導人設定最高的「具體目標」，以方便之後層層展開，大目標切成小目標，好讓每個員工都成為目標達成的貢獻者，讓每一份子感受到尊嚴和價值。

當然我更鼓勵，只要是主管，不論職階、名稱為何，都需要練習設定自己團隊的 Objective（最終目的），引領團隊的理想願景、工作價值。例如：

- 行銷部門：敏捷力與反應力
- 財部部門：追求零失誤的創新作業流程
- R&D 部門：改善現有，掌握關鍵，引領趨勢
- 業務部門：每位業務成員都可獨立作戰，隨時支援

這是一種心智訓練，你必須隨時反思和內省，你想要營造什麼團隊？有才能的人為什麼要追隨你？你的部門可以對公司有何貢獻？不要把「老闆這樣說」、「上面的交代」當成不失誤的藉口，應該去思考「為何而戰」？

透過 OGSM 表格，組織動態作戰團隊，表格自然會成為你達成目標的一大利器。

四、由下而上的當責

在 OGSM 當中，沒有重疊的第二個地方，是基層員工的「策略」、「衡量指標」。因此，第一線員工就必須以其專業和經驗，在主管的支持下，自行提出達成目標所需的資源，自行設定進度指標。由於是由前線員工提出，因此，員工更會認為「這件事是我提出，和我有關，我必須負責。」的當責概念，將讓基層或執行的員工，更願意完成所提出的計畫，真正落實 OGSM 的願景想法。

此一過程，主管的重要管理動作就是「教練引導」。

這個由籃球界所衍生出來的管理技巧，主要在了解每個員工的獨特長處，以及成長動力，透過心靈上的輔導，技巧上的提升，讓員工做出改變的承諾，以此引領出員工最大潛能，而以突破性方式，創造新的成果。

這種做法培育出由下而上的員工當責文化，因此可以說 OGSM 特別重視員工參與。

我們的原則是，只要和工作完成有關的人，都必須出現在表格上。因為表格上列出負責的人員姓名，團隊彼此監督，無須主管一對多管理，而是透過同儕的相互提醒，反而更能激發出團隊的工作熱情和無間合作。

推動 OGSM 時的建議做法

一、由最高主管推動

OGSM 要由最高層主管推動。因為這是新的工作型態，將會產生組織文化改造的議題，主管帶頭做，帶頭要求，才會有結果，否則員工很容易打回原形。

OGSM 要由最高層主管推動，更是因為過程中會發現與現在的許多工作表格有重疊性，因此，最高層主管可以裁定到底要留哪些表格，必須去除哪些，避免公司表格越用越多，疊床架屋，過度擾民。

我的建議是，最高層主管必須自己能獨立寫出 OGSM。最高層主管必須自己親自下來學，自己親自寫，才有手感，才知道哪裡有難處。練習，另外也是為了磨練邏輯思維，OGSM 非常注重邏輯層次，最高層主管必須透過 OGSM 練習，一再問自己，到底哪些是最重要的事，越寫越明白，越寫越清楚。

寫的過程中，你會發現腦子裡一堆想做的事，這個也想做，那個也想做，很難聚焦。OGSM 能大幅鍛鍊此種思維，而這個腦子的鍛鍊，則要從最高層主管開始。

從高層主管開始學起的最大好處是，因為 OGSM 的邏輯和貫穿性很強，所以 OGSM 很容易提供員工高價值的主管回饋。

主管回饋是展現主管價值的絕對關鍵。就像你辛苦畫了一張圖，如果老師一聲不響地把你的作品丟回來，你一定滿腦子疑問，想知道為什麼。同樣

的，高層主管和團隊討論 OGSM 時，如果認為不妥，覺得有改正空間，部屬也會很想知道被丟回來的原因是什麼，這時很容易透過 OGSM 邏輯，給予員工具有啟迪智慧，充滿知識的反思與回饋了。

二、給 OGSM 發酵的時間

OGSM 需要持續推動、積極推動、不斷推動，使得公司在跨部門溝通、發言文化、創意想法、組織學習，慢慢累積改變的成果，量變促成質變。

在我的輔導經驗中，某個案在創辦人的主動學習、全員動員之下，短短 8 個月內就產生了驚人的效果。但是這個驚人效果的背後，卻是每個星期一次表格練習，每 2 週 1 次讀書會，每個月 1 次發表會，高階經理人及外部顧問不斷的溝通、引導、對話而成。不到 1 年內，該企業就已經克服上游原料提供者的物料短缺危機、同行模仿的衝突、國際環保組織的強力介入等不利因素，不但達成該年度業績，而且聚焦於行銷操作，打開知名度，成為該業界指名合作的指標廠商。

這段奮戰期間，公司內部沒有任何人離職，沒有任何負面聲音，每個人都是在想辦法解決問題，並且絞盡腦汁達成目標。OGSM 再度完成它的任務：只要一頁企畫書，就可貫穿理想，動員全公司上下，完成困難任務。

三、不建議和 KPI 結合

我戲稱 KPI 是組織中「不得不的惡」，目前在人力資源管理和組織行為研究中，還沒有找出可以完全取代 KPI 的方法。KPI 是在年初設定項目和數值，並以此做為年度績效考核，決定員工的薪水。

KPI 最讓人詬病的其中一個原因，就是主管往往一年才與員工面談一次，而這一年一度的面談，又常沒有根據，且失去重點。許多主管和員工，深感此種面談的壓力，彼此雙方草草帶過，僅是行禮如儀。更糟的是，談的主管本身並不是最後決定 KPI 分數的人，甚至，主管和員工會談的當下，主管也不清楚員工到底今年的 KPI 成績，雙方明明都知道 KPI 面談效果有限，但又不得不實際走一遍，實在非常無奈。

想像有一道光譜，OGSM 恰好與 KPI 位於光譜的兩個極端。OGSM 則要求主管和員工必須經常互動，主管透過認同員工，鼓勵員工發言，促成彼此交流。更棒的是，主管不需要動用到權威，因為員工知道主管會賦予職權讓他自主發揮，只要透過工作分工透明化，同儕彼此監督，員工將可以有效減少對權力的抗拒感。

如果要把 OGSM 放入 KPI，我認為兩者體質不同，不宜一起使用。一旦 OGSM 變成「一種表現指標、考核方式」，OGSM 就會瞬間降格成為「一種工作表格」，到最後，OGSM 就只是成為堆積如山表單中的另一個擾民工具。

但我也理解公司需要評量員工表現，無奈又不能放棄 KPI 的現行方法。這時，頂多把施行 OGSM 的進度納入 KPI 的討論。

各位如果還記得 OGSM 中的 Measure（檢核）中的 Plans（行動計畫），其實是可以轉換成進度的嗎？只要是進度，就有百分比，只要有百分比，就可以轉換成數字。例如，進度 60%，就代表 0.6 分，最後將分數平均，就可以知道該員工在此 OGSM 的表現分數。

因此我們認為，只要施行了 OGSM，KPI 就沒有存在的空間。想了解員工工作表現，頂多透過 OGSM 的進度報告即可，然後施行 360 度的評估，互相評比，就可確認每位員工的績效表現。

四、適用於各種產業，但高度例行工作不適用

OGSM 適合各種產業，只要你的企業或單位需要進行專案工作，需要完成特定任務，甚至年度工作計畫，都可使用 OGSM。OGSM 則更特別適合新創公司、專案進行等需要積極部門溝通的工作。這些單位的共同特質都是要求在變動環境中，需要創新、需要短時間內爆發工作結果。

但我承認，工廠的產線不適合 OGSM。因為工廠工作通常太過例行，員工每個動作、操作時間都固定，只要求恰到好處，為此，我認為不需要用到 OGSM 這種適用變動環境的工作表格。

另外，如果單位部門內主管與員工的能力相差太大，例如主管很資深，但是底下的員工相當資淺，包括剛入行的菜鳥，我認為員工很難跟主管對話，難以有好的產出。這時候，經理人就得「拉」著員工一起完成OGSM，因此在完成表格的過程中，必須投注更多心力。

用OGSM，開啟管理新視野

我使用 OGSM 已經超過 10 年，對我而言，這是個信手捻來，而且非做不可的事。這些日子以來，我任職不同外商公司，發現國外主管非常喜歡，也擅長用表格溝通，大家雖然沒有什麼管理學訓練，只要經過 1 至 2 小時的練習，我們都可以寫出不算太離譜的 OGSM。這也成為相互有時差，地區有差異，語言不同的團隊，得以共同工作的基礎。

為什麼我對 OGSM 有這樣的熱情？是因為 OGSM 教會我如何當一個好主管，一個思路清晰，喜歡團隊溝通的好主管。

我和OGSM的初次相遇

記得我第一次當主管時，一下子就擔任美國某知名服飾品牌的行銷經理。說真的，我單打獨鬥慣了，一下要我帶 5 個人，我實在不知所措。只記得報到當天，就得和大家開會談未來工作分配。但是要談什麼內容以及為什麼要這樣做，我其實很慌，心中充滿不確定感。那段主管經驗很糟，我革職了 2 個員工，並且和一個新人鬧脾氣，只因為她不用我的方式寫新聞稿。每個離開我的人，都覺得我的要求很高，性子很急，無法傾聽。那時的我只想趕快完成工作，其實根本沒想太多。只要聽到反對我意見的人，

我都會反駁「我就是這樣一路走過來的。」但後來想想，我真的很幼稚，既任性又幼稚。

進了美商怡佳（Estée Lauder），總算接觸到堪稱「像樣」的大公司，上任 3 個月，公司就讓我到位於紐約市的川普大廈總公司受訓。我現在還記得第一次看到川普大樓，金光閃閃，讓人生畏。到了樓上的雅詩蘭黛總公司，我喝著咖啡，吃著可頌，看著中央公園時，國外主管拿了一張 OGSM 表格，要我待會準備受訓用。

這就是我和 OGSM 的初次相遇。

至少 15 年以上的記憶了，從那次以後，我不斷、持續使用 OGSM。我不是學習速度很快的人，但我的優點是，不喜歡放棄。因為當時在紐約學這一張表格時，覺得當時自己沒學好，而等到上手時，發現 OGSM 簡單又好用，讓人覺得親民，而且和團隊不會有距離感，更加深我對它的依賴。不論是在企業內工作、我自己創辦顧問公司、研發專利尋找新創機會，OGSM 給我很好的工具，不論我在何處，我都懂得**以價值引領團隊，以邏輯執行細節**。

最後，我要提出 2.0 版的 OGSM，以此做為本書的結尾，也期望這本書開啟各位讀者管理新視野。

OGSM 2.0 版

Open-hearted communication 開放心胸積極溝通

展開心胸，忘記以往的成功，讓自己接納各種可能。甚至在不合理、不喜歡的人事物中，尋找推翻自己已有的任何意見。

Goal-oriented management 以目標為導向的管理

不以經驗值，不只憑印象，而是冷靜地、理性地，讓自己設定具有挑戰性的目標。設定目標可以是實踐人生願景，可以是挑戰團隊極限。時時有新創意，年年有代表作。設定了目標，就堅持下去，全力以赴。把設定目標和挑戰目標，變成工作習慣。

Self-reflection 時時反思自己

在快速變動中，尋找沉靜時刻，並積極自我對話。不斷地問自己：「為什麼我要這麼做？」「這麼做的好處和壞處是什麼？」「什麼是最重要的事？」時時反思，確認自己的狀態，也鍛鍊思維邏輯。

Make mistakes early 早點犯錯，不斷試錯

過去的經驗不再是成功的保證，因此得放膽讓自己有犯錯的空間，並且可忍受環境的惡言惡語，讓犯錯早一點，學習就會快一點。

附錄　OGSM 一頁企畫書空白表格

Objective 最終目的：

Goal 1 具體目標：	**S**trategy 策略 1-1

Measure 檢核：	
Dashboard 衡量指標	Plans 行動計畫
D1-1-1	負責單位 / 人： • • • • •
D1-1-2	負責單位 / 人： • • • • •
D1-1-3	負責單位 / 人： • • • • •

注釋

前言

1. PwC'（2019），Global Top100，《2019 全球市值百大企業排名》分析報告。

2. Alasdair Johnston, Frédéric Lefort, and Joseph Tesvic (2017), "Secrets of successful change implementation", McKinsey & Company
https://www.mckinsey.com/business-functions/operations/our-insights/secrets-of-successful-change-implementation

3. 原文為「Clear, organization-wide ownership and commitment to change across of all levels of organization.」

4. IBM（2018）商業價值研究院，傳統企業的逆襲。

5. 〈林文政專欄] 為何員工的行為很難改變？〉，《經理人》月刊，2013 年 11 月。

6. John Doerr，許瑞宋譯（2019），OKR：做最重要的事，遠見天下文化。

7. Paul R. Niven, and Ben Lamorte，姚怡平（2019），執行 OKR，帶出強團隊，采實文化。

8. Drucker P. F.，周文祥、詹文明，江政達譯（1999），管理的實踐，中天出版社。

9. Marc van Eck and Ellen Leenhouts，曾琳之譯（2015），好企畫一頁剛剛好，三采文化。

10. Marc van Eck, Ellen van Zanten(2015), *"Business plan op 1 A4 - Word succesvoller met OGSM - Snel en effectief plannen met OGSM"*

11. 原文為「A must-read for anyone who wants to make a strategic plan that definitely delivers results.」

第 1 章

1. PwC's（2019），Global Top100，《2019 全球市值百大企業排名》分析報告。

2. 原文為「Our heritage has been and our future is to be the World Leader in Imaging.」

3. 自由時報，2012 年 2 月 20 日，〈百年老店柯達申請破產保護〉。

第 2 章

1. 編按：馬斯洛於 1943 年提出「需求層次理論」，他認為人類生存的需求由低到高分別為：生理需求、安全需求、社會需求、尊重需求和自我實現需求等 5 大類。當滿足了較低的層次之後，才會逐一往上追求次高層次。

3. MECE 原則：Mutually Exclusive Collectively Exhaustive，中文譯為「彼此獨立，互無遺漏」，是歸納法的重要原則，將資料歸納時，其歸納的分類項目必須彼此之間沒有重疊，而且分類可以涵蓋全部資料。

2. SWOT 分析是優勢（Strength）、劣勢（Weakness）、機會（Opportunity）與威脅（Threat）的英文首字母縮寫。

3. 編按：當責（AccountaBility），當事人擁有主人翁心態，將「我是受害者」的想法轉換為「我來想辦法解決」，並且為最終結果負責。

4. 原文為「The Walt Disney Company's objective is to be one of the world's leading producers and providers of entertainment and information, using its portfolio of brands to differentiate its content, services and consumer products.」

第 3 章

1. Peter Drucker，齊若蘭譯（2004），彼得・杜拉克的管理聖經，遠流。

2. Doran, George T. "There's a S.M.A.R.T. way to write management's goals and objectives." and Miller, Arthur F. & Cunningham, James A "How to avoid costly job mismatches" Management Review, Nov 1981, Volume 70 Issue 11.

第 4 章

1. Porter Michael E. (1996), "What is Strategy?", Nov-Dec, Harvard Business Review.

2. 心力最適化（Optimization of Effort），出自波特在〈什麼是策略？〉一文，他提出企業必須找到最小的投入，而產生最有價值的產出，是一個經理人最重要策略思維。「最適化」並非指「高效率」，而是關注在「最有價值、能夠在市場打敗競爭對手的關鍵」上。

第 5 章

1. 內因性動機：來自「自我決定論」，由學者萊恩與德西（Ryan and Deci, 2000）提出。

第 7 章

1. 編按：PDCA 循環，指的是規畫（Planning）、執行（Do）、檢查（Check）、行動（Action）的首個字母縮寫，由美國品管大師愛德華茲・戴明（William Edwards Deming）提出，此方法能確保專案品質優良，並形成循環。

2. Fredmund Malik，李芳齡、許玉意（2019），管理的本質，天下雜誌。

OGSM打造高敏捷團隊

作者	張敏敏
商周集團執行長	郭奕伶
視覺顧問	陳栩椿
商業周刊出版部	
總編輯	余幸娟
責任編輯	盧珮如
封面設計	萬勝安
內頁排版	邱介惠
出版發行	城邦文化事業股份有限公司-商業周刊
地址	115020 台北市南港區昆陽街16號6樓
	電話：(02)2505-6789 傳真：(02)2503-6399
讀者服務專線	(02)2510-8888
商周集團網站服務信箱	mailbox@bwnet.com.tw
劃撥帳號	50003033
戶名	英屬蓋曼群島商家庭傳媒股份有限公司城邦分公司
網站	www.businessweekly.com.tw
香港發行所	城邦（香港）出版集團有限公司
	香港灣仔駱克道193號東超商業中心1樓
	電話：(852) 25086231傳真：(852) 25789337
	E-mail：hkcite@biznetvigator.com
製版印刷	中原造像股份有限公司
總經銷	聯合發行股份有限公司 電話：(02) 2917-8022
初版1刷	2020年 4 月
初版29刷	2024年 7 月
定價	350元
ISBN	978-986-5519-02-5（平裝）

國家圖書館出版品預行編目資料

OGSM 打造高敏捷團隊：OKR 做不到的，OGSM 一頁企畫書
精準達成！/ 張敏敏著. -- 初版. -- 臺北市：城邦商業周刊，
2020.04
  面； 公分
ISBN 978-986-5519-02-5(平裝)

1.目標管理 2.決策管理 3.組織管理

494.17   109001519

金商道

The positive thinker sees the invisible, feels the intangible,
and achieves the impossible.

惟正向思考者，能察於未見，感於無形，達於人所不能。 —— 佚名